高职高专"十二五"规划教材

计算机专业系列

计算机应用基础教程
(Windows7+Office2010)

主 编 吴兆明

南京大学出版社

图书在版编目(CIP)数据

计算机应用基础教程：Windows 7＋Office 2010 / 吴兆明主编. — 南京：南京大学出版社，2015.8（2017.12 重印）
高职高专"十二五"规划教材.计算机专业系列
ISBN 978 - 7 - 305 - 15736 - 3

Ⅰ. ①计… Ⅱ. ①吴… Ⅲ. ①Windows 操作系统—高等职业教育—教材 ②办公自动化—应用软件—高等职业教育—教材 Ⅳ. ①TP316.7 ②TP317.1

中国版本图书馆 CIP 数据核字(2015)第 188447 号

出版发行 南京大学出版社
社　　址 南京市汉口路 22 号　　　　邮　编　210093
出 版 人 金鑫荣

丛 书 名 高职高专"十二五"规划教材·计算机专业系列
书　　名 计算机应用基础教程：Windows 7＋Office 2010
主　　编 吴兆明
责任编辑 吴宜锴　王抗战　　　　编辑热线　025 - 83592123

照　　排 南京南琳图文制作有限公司
印　　刷 南京大众新科技印刷有限公司
开　　本 787×1092　1/16　印张 15.5　字数 377 千
版　　次 2015 年 8 月第 1 版　2017 年 12 月第 5 次印刷
ISBN 978 - 7 - 305 - 15736 - 3
定　　价 36.00 元

网址：http://www.njupco.com
官方微博：http://weibo.com/njupco
官方微信号：njupress
销售咨询热线：(025) 83594756

前　　言

随着计算机技术及应用的快速发展,熟练使用计算机和现代化办公软件及设备已成为当下必备的能力。因此,提高学生的计算机综合应用能力,已成为高等职业教育的重要任务之一。为此,我们对教学内容和方法做了较大幅度的调整,从现代办公应用中所遇到的实际问题出发,以文字编辑排版、数据分析处理和演示文稿的综合应用为主线,通过"任务描述→任务实施→知识链接"的项目化教学来组织编写本教材,内容简明扼要,结构清晰,讲解细致,突出可操作性和实用性,内容主要包括 Windows 7 管理与操作,Word2010、Excel2010、PowerPoint2010 以及计算机网络应用等。其主要特点如下:

1. 结合实际精选案例,注重应用能力培养。

本书在编写过程中精心挑选了学生在校期间和毕业后工作时大部分企事业单位可能会涉及的典型案例,例如毕业前 Word 进行毕业论文的编辑排版,Excel 进行班级成绩的统计分析,PowerPoint 进行毕业答辩演讲文稿的准备等。学生通过每一个任务的学习,就可以立即应用到实际中去,并具备触类旁通地解决以后工作中实际问题的能力。

2. 以完整案例贯穿任务始终,注重软件主要功能的学习。

本书以典型案例贯穿整个任务,将软件主要知识点融入其中,并通过说明、小技巧等方式扩展知识面,注意突出案例的趣味性、实用性和完整性。在引导学生完成每个任务的制作后,给出相关的综合练习,便于学生进一步巩固学习,为其掌握办公软件的主要功能打下坚实的基础。

3. 全面覆盖考点,兼顾考试需要。本书以《全国计算机信息高新技术考试办公软件应用(操作员级)考试大纲》为指导原则来组织内容,覆盖了考试大纲中所有考点,此外,还提供了《计算机应用基础实验与实训教程》(Windows 7 ＋ Office 2010)作为配套的实验指导用书,开发的每个实验项目都紧扣各模块的核心内容,为掌握计算机应用技能提供良好的训练平台。

本书由南京交通职业技术学院电子信息工程学院部分老师共同编写,由吴兆明主编。模块 1 由石杨编写,模块 2 由张鸽编写,模块 3、5 由吴兆明编写,模块 4 由杜宁编写,张超、高水娟老师参与校对工作,全书由吴兆明负责统稿并修改。

由于编写时间仓促,作者水平有限,疏漏和不妥之处在所难免,恳请各位读者和专家批评指正。

编　者

2015. 8

目　录

模块 1　　Windows 7 管理与操作

Windows 7 是继 Windows XP 后微软公司(Microsoft)开发的又一经典操作系统,其可供家庭及商业工作环境、笔记本电脑、平板电脑、多媒体中心等使用。Windows 7 继承了之前版本的即插即用功能、简易用户界面、管理方便等优点,在安全性、可靠性和管理功能上更胜一筹。本模块以某毕业生在实习期间遇到的各种问题为例,通过 7 个具体任务的实现,全面讲解 Windows 7 的应用。通过本模块的学习,能使读者系统掌握 Windows 7 的基本操作和系统资源管理方法,从而满足日常办公、学习所需。

学习目标

(1) 掌握 Windows 7 操作系统的安装;
(2) 掌握"开始"菜单使用、任务栏属性设置及窗口基本操作;
(3) 掌握控制面板中显示属性、键盘和鼠标、输入法的相关设置及新字体的安装;
(4) 掌握文件与文件夹的基本概念与操作;
(5) 掌握计算机磁盘分区的建立、格式化及磁盘碎片整理的方法;
(6) 掌握打印机驱动程序的安装及相关设置;
(7) 掌握计算机显示设备的设置及应用;
(8) 掌握任务管理器的使用及应用程序的安装与删除。

任务 1　　Windows 7 操作系统的安装

任务描述

钱彬同学顶岗实习时单位分配给他一台电脑,从操作系统的方便性、安全性、可靠性、兼容性等因素考虑,他决定给自己的计算机安装当前市面上主流的 Windows 7 操作系统。

任务实施

工序 1:系统安装前的准备,用光盘启动 Windows 7 操作系统

在安装前首先要设置从光盘启动电脑,这包括两种情况:第一种,开机按 F2 或 Del 键进入 BIOS,设置从光盘启动,保存后重新启动电脑;第二种,开机按 F12 键进入 BootMenu,选择从光盘启动,保存后重新启动电脑。最后根据自己电脑的实际配置情况,选择一种情况即可,如图 1-1 所示。

图 1－1　电脑开机启动界面

工序 2：操作系统安装

安装 Windows 7 操作系统。

1. 开始安装 Windows 7，首先进行语言、时间和货币格式以及键盘和输入方法的选择，如图 1－2 所示。选定后单击"下一步"按钮。

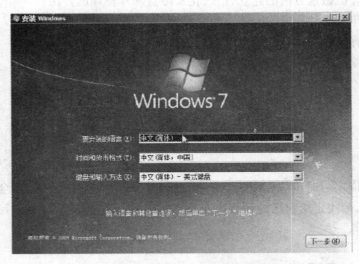

图 1－2　"语言、时间和货币格式以及键盘和输入方法"选择

2. 单击"现在安装"按钮，Windows 7 操作系统进入启动安装程序，如图 1－3 所示。

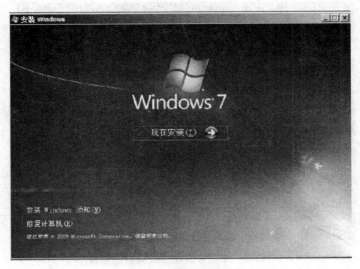

图 1-3　启动安装程序

3. 安装 Windows 7 前,阅读许可条款,勾选"我接受许可条款",如图 1-4 所示。

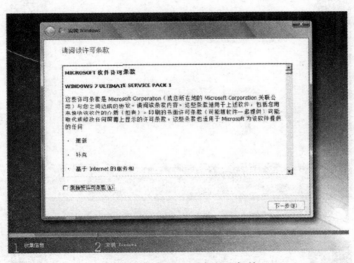

图 1-4　阅读和勾选许可条款

4. 系统分区。一般将硬盘划分为一个主分区(C 盘)和一个含有多个逻辑磁盘的扩展分区(D、E、F 等)。其中操作系统所在的分区应至少划分 20GB 的空间。小硬盘一般分两个区,大硬盘可分多个分区,但尽量不要超过 8 个。按照提示操作,分区结束后,选择某一个磁盘安装,一般默认 C 盘安装,如图 1-5 所示。

5. 接下来进入"安装 Windows"窗口,复制展开 Windows 文件、安装 Windows 功能并更新,最后完成 Windows 7 的安装,在这过程中计算机会多次重启,如图 1-6 所示。

6. 为 Windows 7 设置用户名和计算机名,设置密码并输入产品序列号,设置计算机安全策略和时钟,选择计算机当前位置(这里选择公用网络),如图 1-7 所示。

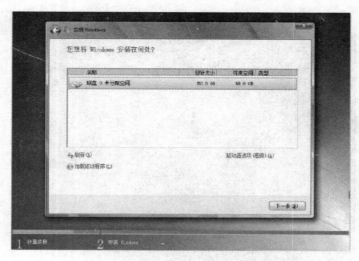

图 1－5　系统分区及系统盘符的选择

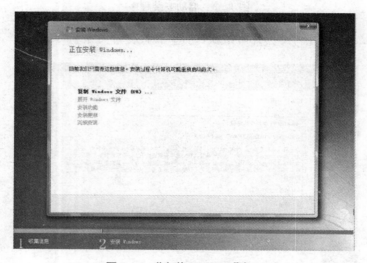

图 1－6　"安装 Windows"窗口

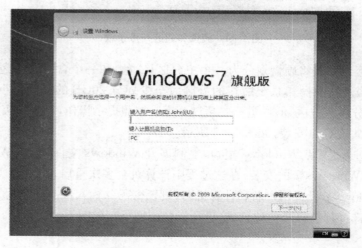

图 1－7　Windows 7 的设置

7. 最后一步，系统准备桌面。打开 Windows 7 操作系统，首次安装的 Windows 7 操作系统桌面只会显示"回收站"图标，如图 1-8 所示。这样 Windows 7 操作系统的安装过程就全部完成。

图 1-8　首次安装的 Windows 7 操作系统桌面

知识链接

Windows 7 是微软继 Windows XP、Vista 之后的操作系统，它比 Vista 性能更好、启动更快、兼容性更强，具有很多新特性和优点，比如提高了屏幕触控支持和手写识别能力，支持虚拟硬盘，优化多内核处理器，改善了开机速度和内核等。

1. 更易用

Windows 7 有许多人性化的设计，如快速最大化、窗口半屏显示、跳转列表（Jump List）、系统故障快速修复等，这些新功能令 Windows 7 成为目前最易用的 Windows。

2. 更快速

Windows 7 大幅缩减了 Windows 的启动时间，据实测，在 2010 年的中低端配置下运行，系统加载时间一般不超过 20 秒（如配置了 SSD 盘，速度可以进一步缩减），这与 Windows Vista 的 40 余秒相比，是一个很大的进步。

3. 更简单

Windows 7 让搜索和使用信息更加简单，包括本地、网络和互联网搜索功能，用户的直观体验将更加高级。Windows 7 还整合了自动化应用程序提交，提高了交叉程序数据透明性。

4. 更安全

Windows 7 包括改进了的安全和功能的合法性，还会把数据保护和管理扩展到外围设备。Windows 7 改进了基于角色的计算方案和用户账户管理，在数据保护和坚固协作的固有冲突之间搭建沟通的桥梁，同时也开启企业级的数据保护和权限许可。

5. 节约成本

Windows 7 可以帮助企业优化它们的桌面基础设施，具有无缝操作系统、应用程序和数据移植功能，并简化 PC 供应和升级。

任务 2　使用与管理桌面

任务描述

在离校实习阶段，钱彬同学在工作的同时要完成毕业设计及相关的文档工作。由于要收集相关的资料，他经常在网络上下载文档、进行各种软件安装。经过一段时间，钱彬发现自己计算机桌面上各种各样的图标越来越多，非常混乱。这时，他感觉到对于计算机用户来说，养成良好的计算机操作习惯非常重要。

任务实施

通过和同事们的交流，钱彬了解到定期对桌面图标进行清理非常的重要。一些长时间不用的图标需要删除，而对于一些常用的软件或者文件，为了使用方便又需要添加快捷方式到桌面。管理好"任务栏"和"开始"菜单也将会为我们的工作带来方便、快捷。

工序 1：创建桌面快捷方式图标（以截图工具为例）

1. 在桌面的空白位置单击鼠标右键，在出现的菜单中选择"新建"→"快捷方式"命令。

2. 在"创建快捷方式"对话框的命令行文本框中单击"浏览"按钮，选择对象的位置（C:\Windows\System32\SnippingTool. exe），如图 1－9 所示。

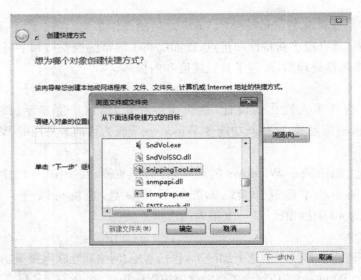

图 1－9　创建快捷方式窗口

3. 依次单击"下一步"和"完成"按钮，此时桌面上出现了一个目标快捷图标，这样就在桌面新建了一个"截图工具"快捷方式。

工序 2：利用"开始"菜单中的程序创建"截图工具"桌面快捷方式

1. 单击"开始"按钮，弹出"开始"菜单。

2. 选择"所有程序"程序列表，在列表中选择"附件"列表，找到"截图工具"应用程序。

3. 右击"截图工具"图标，选择"发送到"→"桌面快捷方式"选项，如图 1－10 所示。此时桌面便生成了"截图工具"快捷方式。

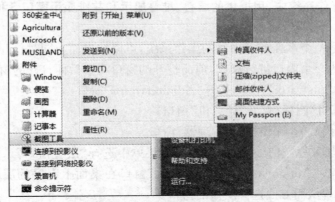

图 1－10　利用"开始"菜单创建快捷方式

工序 3：任务栏的管理与使用

设置当前任务栏为自动隐藏效果。

1. 鼠标右击任务栏的空白处，从弹出的快捷菜单中选择"属性"选项，打开"任务栏和"开始"菜单属性"对话框，如图 1－11 所示。

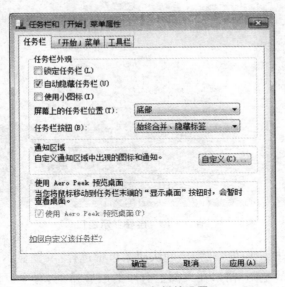

图 1－11　任务栏的设置

2. 在属性对话框中单击"任务栏"选项卡，选择"自动隐藏任务栏"选项。

3. 单击"确定"按钮，完成设置。

> **小技巧：**
> 　　默认情况下，任务栏是被锁定在桌面最下方，当没有勾选"锁定任务栏"时，任务栏是解锁状态，会在任务栏上出现三个带小凸点的拖动条，从而将任务栏分成四份，即"开始"菜单、"快速启动"栏、中间的任务按钮区和通知区域，可根据需要对其区域大小进行更改，同时可以把任务栏拖动到桌面的上、下、左、右四个区域。

工序 4：多窗口预览

Windows 7 操作系统中，用提供的层叠、堆叠显示和并排显示窗口 3 种排列方式来实现多窗口预览。

Windows 7 是一个多任务多窗口的操作系统，可以在桌面上同时打开多个窗口，但同一时刻只能对其中的一个窗口进行操作，前面打开的窗口将被后面打开的窗口覆盖。

1. 双击"Administrator"图标，打开"Administrator"窗口。

2. 双击"计算机"图标，打开"计算机"窗口。

3. 右击"开始"菜单，打开"资源管理器"窗口。

4. 鼠标右击任务栏空白处，在弹出的快捷菜单中选择"层叠窗口"。如图 1－12 所示，"资源管理器"窗口、"Administrator"和"计算机"窗口在桌面上有序的层叠排列，每个窗口的标题栏依次显示，从而方便选择所需的窗口。

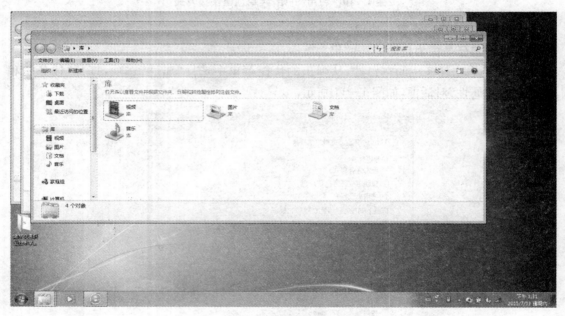

图 1－12　层叠显示窗口

5. 鼠标右击任务栏空白处，在弹出的快捷菜单中选择"堆叠显示窗口"。如图 1－13 所示，"我的文档"和"我的电脑"窗口在桌面上有序的层叠排列，每个窗口的标题栏依次显示，方便选择所需的窗口。

6. 鼠标右击任务栏空白处，在弹出的快捷菜单中选择"并排显示窗口"。如图 1－14 所示，"资源管理器"窗口、"Administrator"和"计算机"窗口纵向平分整个桌面显示，可以同时浏览三个窗口内的内容。

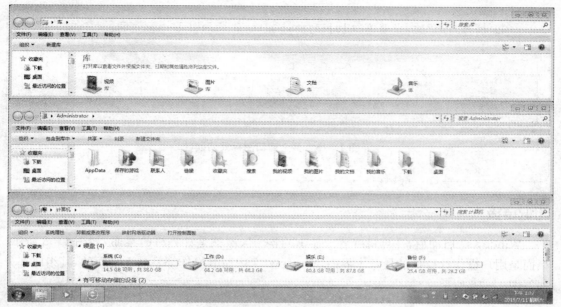

图 1 - 13　堆叠显示窗口

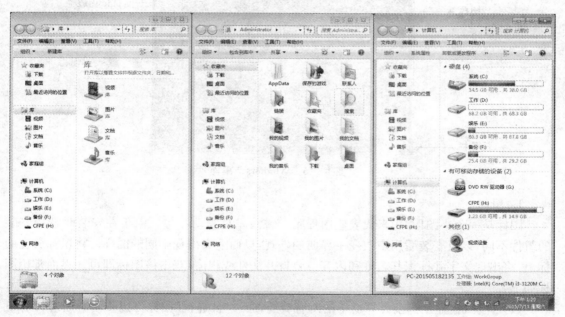

图 1 - 14　并排显示窗口

小技巧：

除了使用鼠标点击来切换窗口，我们还可以利用组合键"Alt＋Tab"实现多个窗口之间的切换。

(1) 打开多个 Windows 窗口。

(2) 按下"Alt＋Tab"键，在桌面中部出现所有已打开窗口的最小化图标列表。

(3) 按下"Alt"键不松，继续按下"Tab"键即可在多个窗口图标间进行切换。

（4）松开"Alt"键,当前窗口切换到所选窗口,效果如图 1-15 所示。

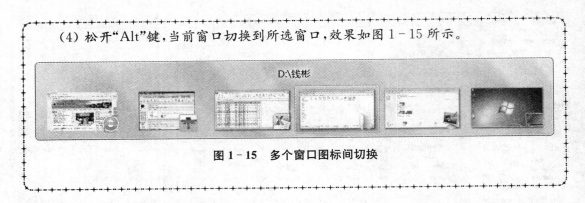

图 1-15　多个窗口图标间切换

知识链接

Windows7 启动后,计算机屏幕上显示的整个区域就是计算机的桌面,如图 1-8 所示。桌面是用户操作计算机的最基本界面,Windows 7 中所有操作都是基于桌面的,其组成部分如下图 1-16 所示。

图 1-16　Windows 7 桌面

1. 图标

图标是一个小图形,用来代表应用程序、文档、磁盘驱动器等。由于在安装时选择安装的组件不同,以及安装后用户改变了界面的外观,桌面上会出现不同的图标。将鼠标放在图标上,将出现文字并标识其名称和内容。要打开文件或程序,双击该图标即可。桌面常用图标如下:

（1）计算机:显示当前计算机中的所有资源,通过"计算机"图标可以查看并管理计算机中的资源。

（2）Internet Explorer:IE 浏览器是浏览网上信息资源的工具。用户通过它可以浏览世界各地的信息资源。

（3）网上邻居:若计算机已联网,则可查看整个网络的可用资源并进行操作。

（4）回收站:存储被删除的文件或文件夹,需要时可予以恢复。

（5）快捷方式图标:是用户自己设置的图标,方便使用者快速打开要用的文件或文档。快捷方式图标上有一个箭头标志。

2. 任务栏

默认情况下任务栏出现在桌面底部的一个水平的长条。任务栏包含"开始"按钮、快速启动工具栏、任务按钮区和通知区域,如图 1 - 17 所示。

"开始"按钮　　　快速启动工具栏　　　　　　　　　　　　　　任务按钮区　　　　　　　通知区域

图 1 - 17　任务栏

(1)"开始"按钮:用于打开"开始"菜单,可以打开大部分安装的软件。

(2)快速启动工具栏:快速启动栏里存放的是最常用程序的快捷方式,通过单击快捷方式图标即可启动程序。

(3)任务按钮区:显示已打开的程序和文档窗口的缩略图,并且可以在它们之间进行快速切换。单击任务按钮可以快速地在这些程序中进行切换。也可在任务按钮上右击,通过弹出的快捷菜单对程序进行控制。

(4)通知区域:包括时钟、输入法、音量以及一些告知特定程序和计算机设置状态的图标。

3. Windows 边栏

Windows 边栏是在 Windows 7 中位于桌面上的可以管理要快速访问的信息而不会被干扰的工作区。它包括一些小工具,这些小工具是可自定义的小程序,能显示连续更新的信息。通过这些小工具,无需打开窗口即可执行常见任务。例如,可以定期显示更新的天气预报、新闻标题和图片幻灯片。

4."开始"菜单

单击"开始"可以显示一个菜单,即可轻松地访问计算机上最有用的项目。可以单击"帮助和支持"以学习使用 Windows,获取疑难解答信息,从而得到支持。单击"所有程序"可以打开一个程序列表,列出计算机上当前安装的程序。如图 1 - 18 所示。

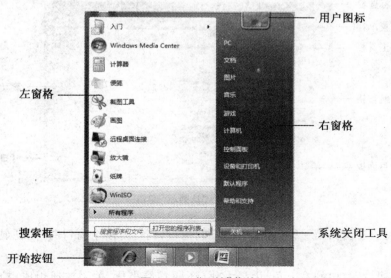

图 1 - 18　"开始"菜单

（1）左窗格：用于显示计算机上已经安装的程序。当使用程序时，程序即会添加到最常使用的程序列表中（也称为"最常使用的程序列表"）。Windows 7 有一个默认的程序数量，在最常使用的程序列表中只能显示这些数量的程序。程序数达到默认值后，最近还未打开的程序便被刚刚使用过的程序替换。用户可以对最常使用的程序列表中所显示的程序数量进行更改。

（2）右窗格：提供了对常用的文件夹、文件、设置和其他功能访问的链接，固定项目列表中的程序保留在列表中，始终可供用户使用。用户可以向固定项目列表中添加程序，如图片、文档、音乐、控制面板等。

（3）用户图标：代表当前登录系统的用户。单击该图标，将打开"用户账户"窗口，以便进行用户类别、用户密码、用户图片等设置。

（4）搜索框：搜索框主要用来搜索计算机上的资源，是快速查找资源的有力工具。在搜索框中输入关键词，单击"搜索"按钮即可在系统中查找相应的程序或文件。

（5）系统关闭工具：其中包括注销 Windows、关闭或重新启动计算机，也可以锁定系统或切换用户，还可以使用系统休眠或睡眠等功能。

小技巧：

　　"开始"菜单上的一些项目带有向右箭头，这意味着第二级菜单上还有更多的选项。鼠标指针放在有箭头的项目上时，另一个菜单将出现。

5. 窗口

窗口是 Windows 7 操作系统的重要特点，所有应用程序都是在窗口中打开。窗口一般是大小可以调节的矩形框架，可以是一组图标、一个可以运行的程序或者一个文本。

（1）窗口的组成

"计算机"窗口如图 1-19 所示，以此为例介绍标准窗口的组成。

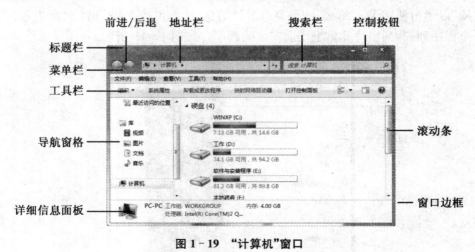

图 1-19 "计算机"窗口

● 标题栏：位于窗口第一行，以便区分不同窗口，当打开多个窗口时，高亮显示的为当前窗口。

● 控制按钮：在窗口的右上角，由最大化（还原）、最小化、关闭按钮组成，控制窗口的缩放、关闭。

- 前进和后退按钮：使用"前进"和"后退"按钮导航到曾经打开的其他文件夹，而无须关闭当前窗口。这些按钮可与"地址"栏配合使用，例如，使用地址栏更改文件夹后，可以使用"后退"按钮返回到原来的文件夹。
- 地址栏：在地址栏中可以看到当前打开窗口在计算机或网络上的位置。在地址栏中输入文件路径后，单击"右箭头"按钮，即可打开相应的文件。
- 搜索栏：在"搜索"框中输入关键词筛选出基于文件名和文件自身的文本、标记以及其他文件属性，可以在当前文件夹及其所有子文件夹中进行文件或文件夹的查找。搜索的结果将显示在文件列表中。
- 菜单栏：在标题栏的下方，提供了文件或应用程序的操作命令，比较常见的菜单包括"文件"、"编辑"、"查看"、"工具"、"帮助"，根据要完成的任务不同，每个菜单的内容不同。
- 工具栏：位于菜单栏下面，提供了与菜单命令相同的各种常用工具按钮。工具栏工具按钮一般可以由用户选择添加。
- 导航窗格：用于显示所选对象中包含的可展开的文件夹列表，以及收藏夹链接和保存的搜索。通过导航窗格，可以直接导航到所需文件的文件夹。
- 滚动条：滚动条有两种即水平滚动条与垂直滚动条。它们分别位于窗口的下边与右边，由左右(上下)滚动箭头与滚动块组成，当工作区超过屏幕大小时，通过滚动条或滚动快速移动窗口显示内容。
- 详细信息面板：用于显示与所选对象关联的最常见的属性。

（2）窗口的操作

窗口是各种应用程序工作的区域，它的操作也是至关重要的。

- 窗口打开：用户可以通过鼠标双击窗口图标或用鼠标右键单击选定的图标，在弹出的快捷菜单中选择打开命令打开窗口。
- 窗口移动：用户在打开窗口后，将鼠标指针移到标题栏，按住鼠标左键拖动，到达目标位置后松开鼠标，则窗口就停留在新的位置。
- 窗口大小改变：将鼠标指针移到窗口的边框或四个顶角，指针变成双箭头，按下鼠标左键，可以改变宽度与高度，如在顶角处拖动鼠标，则水平与垂直按照相同比例缩放。
- 窗口最大化：单击标题栏右侧最大化按钮，可以将当前窗口最大化，使窗口占满整个屏幕，同时控制按钮变成"还原"命令。
- 窗口关闭与最小化：当前不需要工作的窗口一般可以选择关闭或最小化，操作方法与最大化类似，窗口最小化与关闭窗口不同之处是，最小化后窗口缩小成一个图标后显示在屏幕下方的任务栏上，变成非当前窗口，需要使用时只要单击该窗口即可。
- 窗口排列：将同时打开的窗口按照一定的顺序排列，有层叠显示、堆叠显示和并排显示三种排序方式。在任务栏的空白处单击鼠标右键，从弹出的快捷菜单中选择窗口排列方式即可排列窗口。

6. 常用快捷键

- 单独按 Windows 徽标键：显示或隐藏"开始"功能表。
- Windows 徽标键＋Pause：显示"系统属性"对话框。

- Windows 徽标键+D：显示桌面。
- Windows 徽标键+Tab：使用 Aero Flip 3-D 循环切换任务栏上的程序。
- Windows 徽标键+M：最小化所有窗口。
- Windows 徽标键+Shift+M：还原最小化的窗口。
- Windows 徽标键+E：开启"计算机"。
- Windows 徽标键+F：查找文件或文件夹。
- Windows 徽标键+Ctrl+F：查找电脑。
- Windows 徽标键+F1：显示 Windows"帮助"。
- Ctrl+C：复制。
- Ctrl+X：剪切。
- Ctrl+V：粘贴。
- Ctrl+Z：撤消。
- Alt+F4：关闭当前项目或者退出当前程序。
- Alt+Tab：在打开的项目之间切换。

任务 3　Windows 7 个性化定制

任务描述

无论居家还是工作中，人人都希望能挥洒自己的个性，将 PC 个性化是使用计算机中一件充满乐趣的事。钱彬也希望能够通过一些设置将使自己计算机桌面信息更显得个性化，增添色彩、样式、图片、甚至声音，从而改善计算机桌面的外观。

任务实施

通过创建个人用户，修改该用户下的个性设置中的桌面主题、背景、屏幕保护、外观、色彩分辨率等的设置可以使得计算机桌面更具个性化；通过键盘、鼠标、输入法的相关设置，使得我们在使用这些设备和功能时操作更为方便、快捷。

工序 1：新建账户

为计算机创建一个新账户，账户类型为"管理员"，账户名称为"钱彬"，更改账户图片为"足球"。用新建用户登录，使得欢迎屏幕和"开始"菜单上显示新建账户信息。

1. 单击"开始"菜单，选择"控制面板"，单击打开。
2. 在"控制面板"窗口里找到"用户账户"，双击打开。
3. 在"用户账户"窗口里找到"管理其他账户"，单击打开。
4. 在"管理账户"窗口里单击"创建一个新账户"。
5. 在"新账户名"内填写账户名称为"钱彬"，账户类型点选为"管理员"，点击"创建账户"按钮。
6. 进入"更改账户"窗口，选择"更改图片"，单击"足球"图片，点击"更改图片"按钮，如图 1-20 所示。
7. 点击"开始"菜单右下方的"注销"，进入欢迎屏幕可以选择"钱彬"帐号进行登录。

图 1-20 "管理账户"窗口

工序 2:桌面图标设置

在桌面上添加"计算机"、"回收站"、"用户的文件"、"网络"图标。

为增强使用便利性,通常把一些常用的系统图标放在桌面上。

1. 在桌面上右击,从弹出的快捷菜单中选择"个性化"命令,打开"个性化"窗口。单击窗口左侧任务窗格中的"更改桌面图标"链接。

2. 弹出"桌面图标设置"对话框,在"桌面图标"选项卡中的"桌面图标"选项组中选中要在桌面上添加的复选框,然后单击"确定"按钮,如图 1-21 所示,所要选的四个图标就会被添加到桌面上了。

图 1-21 "桌面图标设置"窗口

工序 3：Aero 主题

应用"**Aero 主题**"中的"**风景**",并设置图片位置为"**适应**",更改图片时间间隔为"**3 分钟**",播放方式为"**无序播放**";设置窗体颜色为"**天空**",不启用透明效果;设置"**Window 登录**"声音为"**E:\music\开机音乐.wav**",另存为"**钱彬的音效**"声音方案,将设置完成的主题保存为"**钱彬的主题**"。

1. 在桌面上右击,从弹出的快捷菜单中选择"个性化"命令,打开"个性化"窗口。

2. 在"个性化"窗口中,选择 Aero 主题中第四个"风景"主题,如图 1－22 所示。

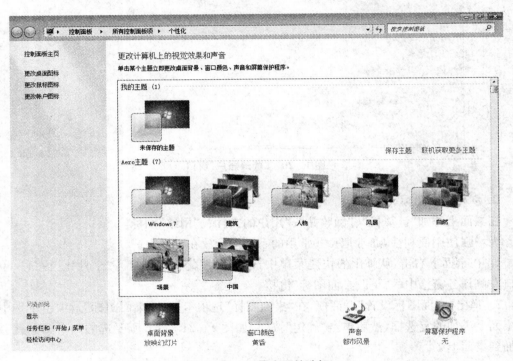

图 1－22　风景主题的选择

3. 单击"个性化"窗口下方的"桌面背景"命令,打开"桌面背景"窗口。

4. 在"桌面背景"窗口下方"图片位置"下拉列表中选择图片位置为"适应";在旁边的"更改图片时间间隔"下拉列表中选择更改图片时间间隔为"3 分钟";单击"保存修改",如图 1－23 所示。

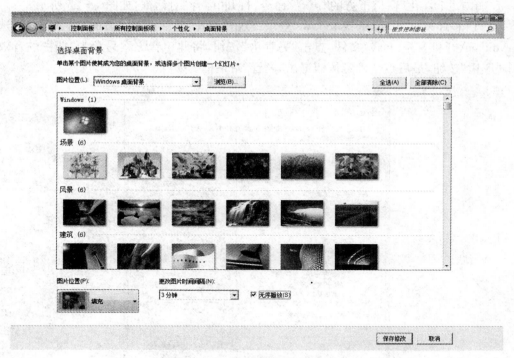

图 1 - 23　"桌面背景"窗口

5. 单击"个性化"窗口下方的"窗口颜色"命令，打开"窗口颜色和外观"窗口，如图 1 - 24 所示。

6. 在"窗口颜色和外观"窗口中更改窗口边框、"开始"菜单和任务栏的颜色为"天空"，不勾选"启动透明效果"，点击"保存修改"。

图 1 - 24　"窗口颜色和外观"窗口

7. 单击"个性化"窗口下方的"声音"命令,打开"声音"对话框,如图 1 - 25 所示。

8. 在"程序事件"中选择"Windows 登录"点击"声音"对话框右下方的"浏览"按钮,选择"E:\music\开机音乐. wav"文件,点击"另存为"按钮,将此声音方案另存为"钱彬的音效",点击"应用"按钮,最后点击确定按钮退出"声音"对话框。

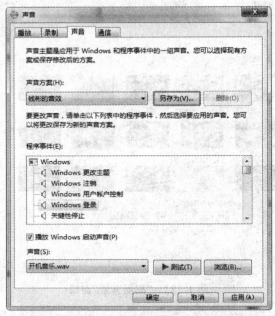

图 1 - 25 "声音"对话框

9. 单击"个性化"窗口中的"保存主题"命令,在主题名称文本框中输入"钱彬的主题"并点击"保存"按钮,将该主题保存到"我的主题"中,如图 1 - 26 所示。

图 1 - 26 "主题"窗口

工序 4:屏幕保护程序

添加三维字幕"办公自动化项目化教程"的屏幕保护程序,旋转类型为"滚动",表面样式为"纹理",等待时间为"15 分钟",创建新的电源计划,设置计划名称为"钱彬的电源计划",将"用电池"和"接通电源"时"关闭显示器"的时间均设置为 1 小时非活动状态之后,"使计算机进入睡眠状态"下"用电池"为"1 小时","接通电源"时为"从不"。

1. 在桌面上右击,从弹出的快捷菜单中选择"个性化"命令,打开"个性化"窗口,单击窗口下部的"屏幕保护程序"链接。

2. 弹出"屏幕保护程序设置"对话框,在"屏幕保护程序"下拉列表框中选择"三维文字"屏保程序。

3. 选择好屏保程序后,可在对话框中的预览窗口中预览到屏保效果;然后在"等待"文本框中设置屏保等待时间为"15 分钟",如图 1-27 所示。

图 1-27　"屏幕保护程序设置"对话框

4. 点击"设置"按钮对三维文字进行设置,输入自定义文字"办公自动化项目化教程",在"动态的旋转类型"下拉列表中选择"滚动",在表面样式里点选"纹理"并点击确定按钮,如图 1-28 所示。

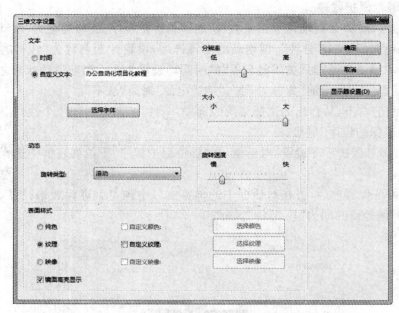

图 1-28 "三维文字设置"对话框

5. 点击"更改电源设置"链接，打开"电源选项"窗口，点击窗口左侧的"创建电源计划"链接，在"创建电源计划"窗口里输入计划名称"钱彬的电源计划"，点击"下一步"按钮，如图1-29 所示。

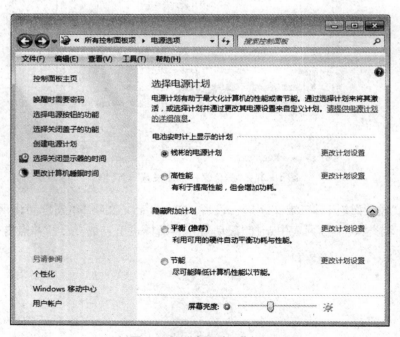

图 1-29 "电源选项"窗口

6. 在打开的"编辑计划设置"窗口里的"关闭显示器"下拉列表中"用电池"和"接通电源"均选择"1 小时"；"使计算机进入睡眠状态"下拉列表中"用电池"选择"1 小时"，"接通电源"选择"从不",如图 1 - 30 所示。

图 1 - 30　"编辑计划设置"窗口

工序 5：设置键盘与鼠标

设置光标闪烁的速度，调整鼠标双击的速度。

键盘鼠标是电脑的主要输入设备，由于使用的人群不同，每个人都有着自己的使用习惯。

1. 双击"计算机"，然后单击"控制面板"，打开"控制面板"窗口。

2. 双击"键盘"，打开"键盘属性"对话框，如图 1 - 31 所示。

图 1 - 31　"键盘属性"对话框　　　　图 1 - 32　"鼠标属性"对话框

3. 用鼠标拖动"光标闪烁频率"选项框中的滑块调整光标闪烁的速度。

4. 返回"控制面板"窗口，双击"鼠标"，打开"鼠标属性"对话框，如图 1 - 32 所示。

5. 选择"鼠标键"选项卡，用鼠标拖动"双击速度"选项框中滑块适当的调整并在右侧的测试窗口中测试双击的速度是否合适。

小技巧：

（1）鼠标单击"指针"选项卡，可以在方案选项里面点击下拉菜单，选择你喜欢的系统方案。

（2）鼠标单击"指针选项"选项卡，可以进行如下设置：

● 选择"启用指针阴影"，鼠标移动的时候会有影子跟随。

● 在移动选项里面移动箭头可以调节鼠标移动速度的快慢。

（3）鼠标单击"轮"选项卡，在滚动窗口里可以设置一次滚动的列和行数，通过调节数值来调节鼠标滚轮的滚动行数。

工序 6：安装和删除中文输入法

在操作系统中，添加"微软拼音 ABC"中文输入法，删除"QQ 拼音"中文输入法。

1. 打开控制面板，在类别视图中单击"时钟、语言和区域"选项，选择"区域和语言"选项按钮，打开"区域和语言"对话框，如图 1－33 所示。

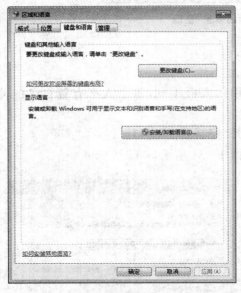

图 1－33　"区域和语言"对话框

图 1－34　"文字服务和输入语言"对话框

2. 选择"键盘和语言"选项卡，单击"更改键盘"按钮，然后在"文字服务和输入语言"对话框，点击"添加"按钮，勾选"微软拼音 ABC 输入风格"，如图 1－34 所示。

3. 单击"确定"按钮，"微软拼音 ABC"输入法即添加到已安装的输入法列表中。

4. 在"文字服务和输入语言"对话框中，选中需要删除的"QQ 拼音输入法"后，单击右侧的"删除"按钮即可。

说明：

（1）不同的输入法之间进行切换使用组合键"Ctrl＋Shift"；

（2）中文输入法与非输入法之间进行切换使用组合键"Ctrl＋Space"；

（3）中文输入法中全、半角字符的切换使用组合键"Shift＋Space"。

小技巧：

　　可以通过任务栏来进行输入法设置：

　　（1）鼠标单击任务栏上的语言图标"英文 EN"或"中文 CN"，在弹出菜单菜单中选择语言或输入法；

　　（2）鼠标右击任务栏上的语言图标"英文 EN"或"中文 CN"，在弹出菜单中选择"设置"，可以直接进入"文字服务和输入语言"对话框进行语言和输入法的添加、删除、设置。

工序 7：字体的安装、删除与隐藏

在系统中添加"全新硬笔行书简"字体（D:\新字体\全新硬笔行书简. ttf）；删除"仿宋"字体和"黑体"字体；隐藏"新宋体"字体。

1. 双击打开"计算机"程序，找到 D 盘新字体文件夹里的"全新硬笔行书简. ttf"文件。

2. 双击打开该文件，如图 1-35 所示，单击窗口标题下方的"安装"按钮。

3. 当"安装字体"窗口中的进度条结束后即完成了新字体的安装。

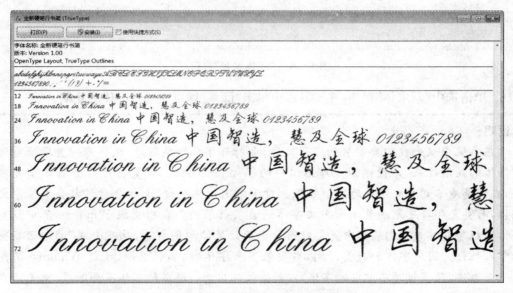

图 1-35　"全新硬笔行书简字体"窗口

4. 点击"开始"按钮，在开始菜单中找到"控制面板"选项单击进入其界面。

5. 在"控制面板"窗口中双击打开"字体"命令。

6. 按住 Ctrl 按钮，分别单击"仿宋"字体和"黑体"字体。

7. 在工具栏中，单击"删除"，即可完成不需要字体的删除，如图 1-36 所示。

☞提示：

　　可以通过将字体拖动到"字体"控制面板页或右击字体在快捷菜单中选择"安装"程序来安装字体。

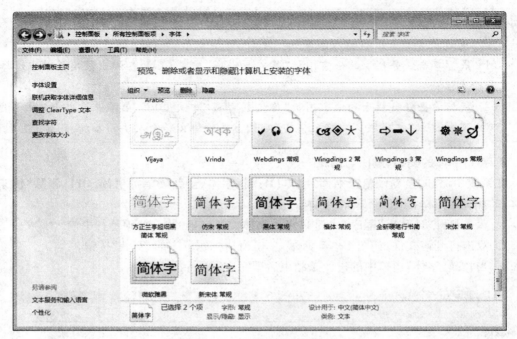

图 1－36　"字体删除"窗口

8. 单击选中"新宋体"字体,在工具栏中单击"隐藏"即可完成该字体的隐藏。

✍**说明:**

　　在系统中双击我们要安装的字体文件,会打开字体预览程序,这样可以直观地看到该字体的显示效果,方便选用。可惜以前的 Windows 系统,预览程序只会显示英文字符,我们是看不到中文字符的显示效果。对于中国用户来说,大部分时候都会安装中文字体,而英文字符是无法展示出中文字体的真实效果的。在中文版 Windows 7 中预览字体的程序能够为我们展示中英文对照的显示效果,"中国智造,慧及全球"的标语显得非常人性化。因为字体加载需时间,当安装很多字体时,加载很慢,于是 Windows 7 想了一个办法,隐藏暂时不需要的字体,以加快软件启动。隐藏的字体不会加载,也无法在 Word 里使用。

工序 8:边栏小工具的添加

将关闭的 **Windows 7** 边栏设置为打开状态,在边栏内添加"时钟"小工具,更改时钟样式为样式 2,名称为北京时间,显示秒针。

1. 点击"开始"按钮,在开始菜单中找到"控制面板"选项并单击进入其界面。

2. 在"控制面板"窗口中双击打开"程序和功能"命令。

3. 在"程序和功能"窗口中选择"打开或关闭 Windows 功能"选项。

4. 在弹出的功能框中,找到"Windows 小工具平台"选项,在前面的小方格中打钩,然后点击确定,这时可以看到 Windows 功能正在更改中。功能更改完毕之后,电脑的 Windows 7 侧边栏小工具功能也就开启了,如图 1－37 所示。

图 1 - 37　"程序和功能里的 Windows 功能选项"窗口

5. 在桌面上右击,从弹出的快捷菜单中选择"小工具"命令,弹出小工具对话框,如图 1 - 38 所示。

6. 在对话框中右击"时钟"图标,从弹出的快捷菜单中选择"添加"命令,或者双击"时钟"小工具图标。

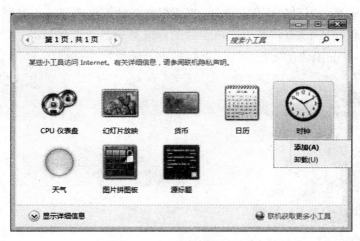

图 1 - 38　"小工具"对话框

7. 单击时钟右侧的"选项"按钮,在弹出的当前图标的设置对话框中选择"样式 2",时钟名称输入"北京时间",勾选"显示秒针"选项,单击"确定"按钮,效果如图 1 - 39 所示。

图 1－39　"边框添加时钟"效果图

知识链接

1. 控制面板

使用"控制面板"可以更改 Windows 7 的设置。这些设置几乎控制了有关 Windows 7 的外观和工作方式的所有设置，并允许用户对 Windows 7 进行设置，使其更好地满足自身的需要。"控制面板"提供丰富的专门用于更改 Windows 的外观和行为方式的工具。有些工具可帮用户调整计算机设置，从而使得操作计算机更加有趣。用户常用的有"显示"、"键盘"、"鼠标"、"区域和语言选项"、"声音和音频设备"等工具。打开"控制面板"时，将看到"控制面板"中最常用的项，这些项目按照类别进行组织，如图 1－40 所示。要在"类别"视图下查看"控制面板"中某一项目的详细信息，可以用鼠标指针按住该图标或类别名称，然后阅读显示的文本。要打开某个项目，请单击该项目图标或类别名。如果打开"控制面板"时没有看到所需的项目，在右上方的"查看方式"下拉列表里选择"大图标"。

图 1－40　"控制面板"窗口

2. Windows 7 个性化窗口

为了使 Windows 7 桌面更加美观,用户可以对 Windows 7 桌面进行个性化设置。在桌面上右击,从弹出的快捷菜单中选择"个性化"命令。打开"个性化"窗口,窗口底部区域显示了个性化外观和声音设置的相关选项,如图 1 - 41 所示。下面介绍"个性化"设置。

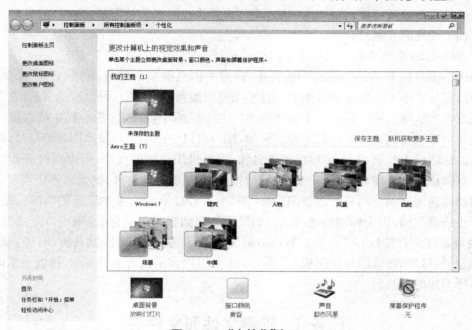

图 1 - 41　"个性化"窗口

(1) 桌面的主旋律——主题

Windows 7 操作系统中的主题是指用户对自己的 PC 桌面进行个性化装饰的交互界面,通过更换 Windows 7 的主题,用户可以调整桌面背景、窗口颜色、声音和屏幕保护程序,符合从基本到高对比度显示的跨度,用以满足不同用户个性化的需求。在"个性化"窗体内,系统提供了可供选择的主题方案,改变主题后,桌面的背景、窗口色彩搭配及声音等均会改变。Windows 提供了多个主题,可以选择 Aero 主题使计算机个性化;如果计算机运行缓慢,可以选择 Windows 7 基本主题;如果希望屏幕更易于查看,可以选择高对比度主题。窗口底部区域显示了个性化外观和声音设置的相关选项。

(2) 桌面的漂亮衣服——桌面背景

桌面背景(也称为壁纸)可以是个人收集的数字图片、Windows 7 提供的图片、纯色或带有颜色框架的图片。用户可以选择一个图像作为桌面背景(如个人照片等),也可以显示幻灯片图片。如果图片已经在"图片位置"列表中,鼠标点击图片后即可看到样子。如果不在"图片位置"列表中,则使用"浏览"按钮打开文件目录进行查找。选择后的图片在桌面的显示可选择填充、居中、拉伸、平铺等效果。用户可以向当前桌面背景幻灯片添加新图片、删除图片、更改设置或关闭幻灯片。

(3) 桌面的安全门——屏幕保护程序

计算机在一段时间内如果没有操作,系统将自动进入屏幕保护程序,若要停止屏幕保护程序并返回桌面,请移动鼠标或按任意键。使用屏幕保护的好处显而易见,一是保护显器,延长使用寿命;二是环保、节能;三是可以利用屏幕保护密码,防止别人在未经允许下使用自己计算机。Windows 7 提供了多个屏幕保护程序,还可以使用保存在计算机上的个人图片来创建自己的屏幕保护程序,也可以从网站上下载屏幕保护程序。

(4) 给桌面定型——外观、设置

通过外观的设置可以对活动窗口的标题栏、非活动窗口的标题栏、窗口、消息框等项目进行更加个性化的方案设计。

3. Windows 7 的边栏中的小工具

桌面小工具位于 Windows 7 的边栏中,通过右击桌面空白处选择"小工具"命令,可以将任何已安装的小工具添加到桌面上。将小工具添加到桌面之后,可以移动、调整它的大小以及更改它的选项。Windows 7 中包含称为"小工具"的小程序,这些小程序可以提供即时信息以及可轻松访问常用工具的途径。例如,用户可以使用小工具显示图片幻灯片、查看不断更新的标题或查找联系人;可以保留信息和工具,供用户随时使用;可以在打开程序的旁边显示新闻标题。这样,如果用户要在工作时跟踪发生的新闻事件,则无需停止当前工作就可以切换到新闻网站。用户可以使用"源标题"小工具显示所选源中最近的新闻标题,而且不必停止处理文档,因为标题始终可见。如果用户看到感兴趣的标题,则可以单击该标题,Web 浏览器就会直接打开其内容。Windows 7 自带了很多小工具,如日历、时钟、联系人、提要标题、幻灯片放映、图片拼图板等,这些小工具可以在桌面的边栏显示,读者可依据个人喜好选择不同的工具。

任务4　管理文件和文件夹

任务描述

在离校实习阶段,钱彬同学在工作的同时要完成毕业设计、毕业论文的撰写、求职自荐书的撰写等工作。最初他总是随意地将这些相关文件放在计算机中。但是随着时间的推移,毕业设计的相关资料越来越多、毕业论文修改了多次、求职自荐书相关的文件也很多、加上其他的计算机软件的安装、游戏娱乐等文件,大量文件的存放显得杂乱无章。由于毕业论文修改了多次,有时连哪一个毕业论文文件是最新版的自己都搞不清楚了。因此,钱彬希望能把自己的文件进行有序的管理。

任务实施

通过向指导老师的请教,钱彬了解到科学有序的文件管理主要有两个要点:一是大量的各种各样文件要进行"分类"存放,二是要注意及时地对重要的文件进行"备份"。钱彬根据老师的指导,采取了以下措施对自己的文件进行了处理:

(1) 创建多个磁盘分区,选择除 C 盘外的其他磁盘区域作为存放个人文件的数据盘,因为 C 盘一般作为系统盘,用于安装系统程序和各种应用软件。

(2) 在自己选择的磁盘分区上创建多个文件夹,用来分别存放毕业设计、毕业论文、求职信息、学习、娱乐等不同类型的文件。

(3) 对于重要的文件,例如毕业论文在每次修改过后,将文件的最新结果复制一份存放在另一个数据盘中，并在文件名上标注清楚修改日期。

（4）在桌面上创建常用文件、文件夹的快捷方式图标，方便操作。

（5）定期清理临时文件和回收站。

工序 1：新建文件夹

在 **D** 盘中建立一个个人文件夹，以便管理自己的文件。文件夹结构如图 **1 - 42** 所示。

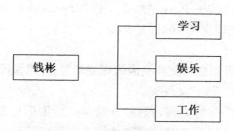

图 1 - 42　新建文件夹结构

1. 右击"开始"菜单按钮，点击"打开 windows 资源管理器"命令。

2. 选中"计算机"目录下的 D 盘，打开 D 盘驱动器。

3. 在窗口的空白处单击鼠标右键，在弹出的快捷菜单中选择"新建"→"文件夹"，出现新文件夹后输入"钱彬"并按回车键，或者在窗口的工具栏里直接单击"新建文件夹"快捷选项，如图 1 - 43 所示。

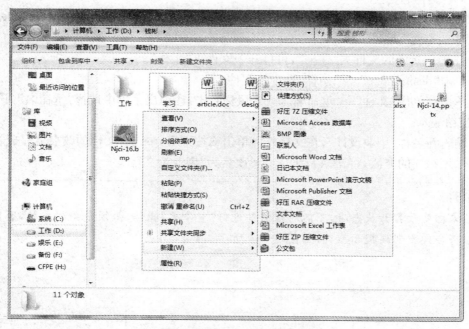

图 1 - 43　新建文件夹或各种文件窗口

4. 双击"钱彬"文件夹，打开该文件夹后，在"钱彬"文件夹内以同样的方法建立"学习"、"娱乐"、"工作"三个文件夹。

工序 2：新建文件

在"钱彬"中的子文件夹"工作"中创建一个名为"design. doc"的 Word 文档，在子文件夹

"学习"中创建一个名为"**article. doc**"的 **Word** 文档。

1. 打开 E 盘中的"钱彬"文件夹,再打开子文件夹"工作"。

2. 单击菜单栏"文件"→"新建"→"Microsoft Word 文档",或者右击窗口空白处,在弹出菜单中选择"新建"→"Microsoft Word 文档"。

3. 窗口中出现一个新的 Word 文档的图标,输入名称"design"。

4. 在新文档外面单击或按下 Enter 键,新文档"design. doc"就创建好了。

5. 采用相同的方法,创建文档"article. doc"。

工序 3:文件信息查看

改变文件的显示方式,看到自己文件夹内的详细信息,并且按照文件夹建立的时间排序。

1. 双击打开 D 盘中的"钱彬"文件夹。

2. 在窗口的空白处单击鼠标右键,选择"查看"→"详细信息"。

3. 在窗口的空白处单击鼠标右键,选择"排列方式"→"修改日期"。

小技巧:

在 Windows 7 中,我们可以将文件按照"名称"、"修改日期"、"类型"、"大小"等类型来排列。除此之外,还可以为视频、图片、音乐等特殊的文件夹添加与其文件类型相关的排列方式。这样不但能够将各种文件归类排列,还可以加快文件或文件夹的查看速度。

工序 4:文件名更改

把"工作"文件夹中的"design. doc"改名为"毕业设计","学习"文件夹中的"article. doc"改名为"毕业论文"。

1. 打开 D 盘中的文件夹"钱彬",再打开子文件夹"工作"。

2. 单击"design. doc"文档图标,选中该文件。

3. 单击菜单栏"文件"→"重命名",或者鼠标右击,在弹出菜单中选择"重命名",该文件夹下方反白显示。

4. 输入新名称"毕业设计",在文档外面单击或按下 Enter 键,文档的改名就完成了。

5. 采用相同的方法,将文档 article. doc 改名为"毕业论文"。

小技巧:

当文档处于打开状态时,不能对该文件进行"重命名"操作,必须先关闭文档,否则重命名时将会弹出错误提示窗口,如图 1-44 所示。

图 1-44 "重命名错误提示"对话框

✍说明：

　　当文档重命名同时扩展名也需要修改，会弹出提示信息窗口，如图 1 - 45 所示，提示这个操作会导致文件改名可能会导致文件不可用。

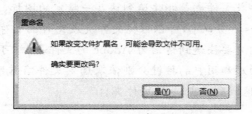

图 1 - 45　"扩展名重命名"对话框

工序 5：一次性复制

将"钱彬"文件夹内"Njci - 1. docx"、"Njci - 16. docx"、"Njci - 7. xlsx"、"Njci - 14. pptx"一次性复制到"D：\钱彬\工作"文件夹中，并分别重名名为"QB1. docx"、"QB2. docx"、"QB3. xlsx"、"QB4. pptx"。

1. 单击"开始"菜单，在开始菜单中找到"计算机"选项并打开，再双击打开 D 盘。

2. 打开"D：\钱彬\工作"窗口，按住 CTRL 键，选中"Njci - 1. docx"、"Njci - 16. docx"、"Njci - 7. xlsx"、"Njci - 14. pptx"4 个文件，使用快捷方式"Ctrl＋C"复制文件，如图 1 - 46 所示。

图 1 - 46　"多文件选择"窗口

3. 双击打开"工作"文件夹，在右边空白处单击鼠标右键选择"粘贴"。

4. 分别依次选中"Njci - 1. docx"、"Njci - 16. docx"、"Njci - 7. xlsx"、"Njci - 14. pptx"，

单击鼠标右键选中"重命名"项，输入"QB1. docx"、"QB2. docx"、"QB3. xlsx"、"QB4. pptx"，每输完一个文件点击键盘回车键。

> **小技巧：**
>
> 快速选定单个文件或文件夹是指快速到达某一特定的图标，不用自己一个一个在窗口里查找。在 Windows 7 窗口中，可以根据文件夹或文件的首字母来快速达到目标（只支持英文）。比如说，用户要快速到达名为 Adobe 的文件夹，就可以直接按字母 a，然后，系统就依照文件排列顺序和用户的按键分别依次选定文件名首字母为 a 或者 A 的文件夹，接下来就可以快速地找到 Adobe 的文件夹。

工序 6：文件的属性

"学习"文件夹里有重要内容，为防止文件丢失，将该文件夹复制一个副本到 E 盘中，对该文件增加只读属性；将"学习"文件夹转移到 U 盘中(H:)。

1. 打开"钱彬"文件夹，选定"学习"文件夹。
2. 单击菜单栏"编辑"→"复制"命令（也可以使用快捷键 Ctrl＋C 键）。
3. 打开 E 盘，单击菜单栏"编辑"→"粘贴"命令完成操作（也可以使用快捷键 Ctrl＋V 键）。
4. 在 E 盘里右击"学习"文件夹，在快捷菜单里选择"属性"，弹出"学习属性"对话框，在该对话框中勾选"只读"复选框，然后单击"应用"按钮即可，如图 1-47 所示。
5. 此时，弹出"确认属性更改"对话框，选择"将更改应用于此文件夹、子文件夹和文件"，单击"确认"按钮。

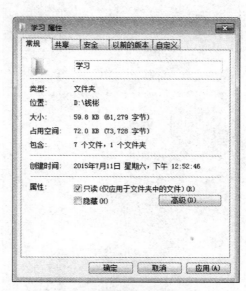

图 1-47 "文件属性"对话框

6. 再次打开"钱彬"文件夹，选定"学习"文件夹。
7. 单击菜单栏"编辑"→"剪切"命令（也可以使用快捷键 Ctrl＋X 键）。
8. 打开 H 盘，单击菜单栏"编辑"→"粘贴"命令完成操作（也可以使用快捷键 Ctrl＋V 键）。

> **说明：**
>
> 　　文件的"只读"属性添加后，该文件或文件夹只能被访问浏览，而不能进行修改，这样就不会因为误操作更改了原文件。如需去掉"只读"属性，只需按照设置过程一样，把勾选的"只读"复选框取消即可。快捷键 Ctrl＋C"复制"表示原文件保留的情况下复制了一个备份，快捷键 Ctrl＋X"剪切"表示原文件剪切到新目录，原文件删除。

工序 7：文件夹快捷方式及图标的更改

为方便快捷地使用"学习"文件夹中的文件，为"学习"文件夹创建桌面快捷方式，更改快捷方式图标。

1. 双击"我的电脑"，在 D 盘中打开"钱彬"文件夹。

2. 选择"学习"文件夹，在右击弹出快捷菜单中选择"发送到"→"桌面快捷方式"。

3. 查看桌面，新增"学习"文件夹的快捷方式图标。

4. 在"学习"快捷方式图标上单击鼠标右键，在弹出的快捷菜单中选择"属性"命令，在图 1－48 所示的"学习属性"对话框中选择"快捷方式"选项卡，单击"更改图标"命令，显示"更改图标"对话框。

5. 双击选中的一个图标然后单击"确定"按钮，"画图"的快捷方式图标就被更改了。

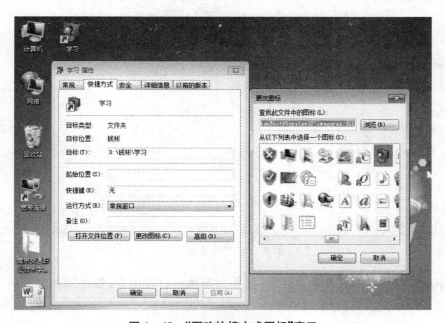

图 1－48　"更改快捷方式图标"窗口

工序 8：回收站的使用

删除"钱彬"文件夹里的"Njci－2. jnt"文件，还原"钱彬"文件夹里被误删除的"娱乐"文件夹。

1. 打开"钱彬"文件夹，选择"Njci－2. jnt"文件。

2. 单击鼠标右键，选择快捷菜单中的"删除"命令，弹出"确认文件夹删除"对话框，如图 1－49 所示。

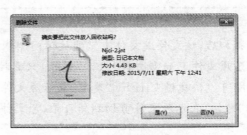

图 1-49 "删除文件"对话框

3. 单击"是"按钮，即可删除选定文件"Njci-2.jnt"。

4. 在桌面双击"回收站"图标，打开"回收站"窗口。

5. 在"回收站"窗口中，此时可以看到在上一操作中被删除的"娱乐"文件夹，如图 1-50 所示。

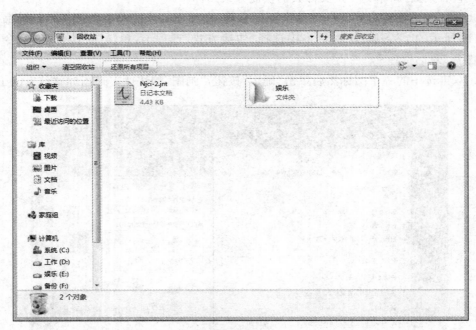

图 1-50 "回收站"窗口

6. 单击"还原此项目"选项，"娱乐"文件夹即从窗口内消失，被还原到原来的"钱彬"文件夹中。

> **小技巧：**
>
> 如果需要直接的将文档从系统中删除，而不是先进入回收站后再次进行删除确认，可以在选定文档后，按下"Shift＋Delete"组合键直接进行删除操作，系统将给出"确认文件删除"提示，单击"是"按钮，完成文件删除操作。

说明:

如果运行的硬盘空间太小,请记住经常清空"回收站",也可以限定"回收站"的大小以限制它占用硬盘空间的大小。Windows 为每个分区或硬盘分配一个"回收站"。如果硬盘已经分区,或者计算机中有多个硬盘,则可以为每个"回收站"指定不同的大小。如要将文件或文件夹真正的从系统里删除,在打开"回收站"窗口后,选择需要删除的文件,右击鼠标,从弹出的快捷菜单中选择"删除",然后弹出"确认文件删除"对话框,单击"是"按钮,即可将文件真正的删除。

工序 9:剪贴板使用

利用剪贴板把"我的电脑"窗口抓图,粘贴到"画图"程序中。

1. 在桌面双击"计算机",打开"计算机"窗口。

2. 按下 Alt＋Print Screen 键,将"我的电脑"窗口抓图并复制到剪贴板。

3. 单击"开始"→"程序"→"附件"→"画图"命令,打开"画图"程序。

4. 在"画图"窗口的菜单栏单击"编辑"→"粘贴"命令,"计算机"窗口图片被复制到"画图"程序窗口中,如图 1－51 所示。

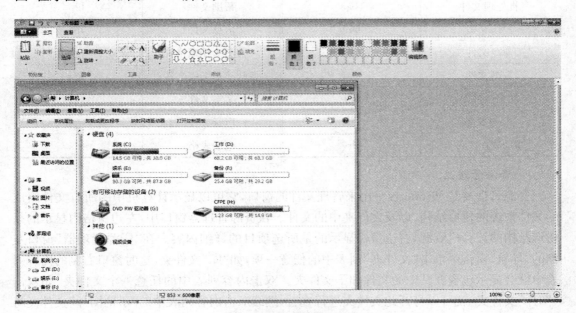

图 1－51　"剪贴板"应用

知识链接

1. 文件与文件夹

文件是最小的信息存储单位,是一组相关信息的集合,包含文本、图像、数据、声音、动画等各种媒体形式。文件夹是系统组织和管理文件的一种形式,是为方便用户查找、维护和存储而设置的,用户可以将文件分门别类地存放在不同的文件夹中。

为了区别文件,每个文件都有一个文件名,在给文件命名时,文件名要尽可能与文件的内容有一定联系,这样可以方便记忆与管理。

为了说明文件类型,一般给文件增加一个扩展名,所以完整的文件名包括文件名与扩展名两部分,中间用".,"隔开。扩展名一般由3个字符组成,不同的扩展名表示不同的文件类型。文件常用的扩展名如表1-1所示。文件扩展名一般可以根据文件生成方法自动产生。而文件夹只有文件夹名,没有扩展名。

给文件或文件夹命名时注意以下几点:

(1) 文件名最多可由 255 个字符组成,字符可以是字母、数字、空格、汉字等,但不得包含下面几个具有特殊含义的字符:? \ * " < > : | 。

(2) 若两个文件或文件夹放在同一个存储位置,则不允许这两个文件或文件夹取相同的文件名。

表 1-1　常用文件的扩展名

文件类型	扩展名	文件类型	扩展名
视频文件	avi	可执行文件	exe
备份文件	bak	图形格式文件	gif
批处理文件	bat	帮助文件	hlp
位图文件	bmp	信息文件	inf
命令文件	com	一种图形压缩格式	jpg
数据文件	dat	微软演示文稿文件	ppt
动态链接库	dll	文本文件	txt
Word 文档	doc	声音文件	wav
驱动程序文件	drv	电子表格	xls

2. 资源管理器

资源管理器是 Windows 7 用来管理文件的窗口,它可以显示计算机中的所有文件组成的文件系统的树形结构,以及文件夹中的文件。在资源管理器窗口中,左边窗格内显示的是树形结构的计算机资源,右边窗格显示的是所选项目的详细内容。在"资源管理器"窗口左侧的"导航"窗格中单击"文件夹"列表中的任意一项,如"库"文件夹,这时窗口右侧的内容列表中就会显示包含在其中的文件和子文件夹。双击内容列表中的任意一个文件夹,如双击"图片"文件夹,就可以打开此文件夹进行查看,继续双击内容列表中的"示例图片"文件夹将其打开,并会在内容列表中显示其中的内容,如图1-52所示。

图 1 - 52　"资源管理器"窗口

打开资源管理器的方法有如下几种:

(1) 在任务栏中右击"开始"按钮,在快捷菜单中单击"资源管理器"命令。

(2) 右击"开始菜单"按钮,选中"打开 Windows 资源管理器"命令。

(3) 单击"开始"→"所有程序"→"附件"→"资源管理器"命令。

3. 文件和文件夹管理

文件和文件夹的操作方式主要有以下几种:

(1) 快捷菜单:实现文件和文件夹操作最简便的途径。

(2) 窗口菜单:在"我的电脑"和"资源管理器"中,窗口菜单包括了所有的操作命令。

(3) 工具栏:在"我的电脑"和"资源管理器"中,鼠标单击工具栏按钮是一种直观简便的方法。

(4) 键盘:通过键盘快捷键可以完成相关操作。

文件和文件夹的选定,有如下操作方法:

(1) 单个选定,就是用鼠标选定。

(2) 全选,按 Ctrl+A 就是全部选中。

(3) 连续多个文件的选择。

● 先选中第一个要选取的文件,然后按住 Shift 键不放,再点击最后一个要选取的文件,就选择了中间这一片连续的文件了(包括第一个选择的和最后一个选择的)。

● 鼠标指针落在第一个文件图标左边的空白处,按住鼠标左键,拖动鼠标形成的虚框到最后一个文件图标,放开鼠标左键,即可选定多个连续文件。

(4) 非连续多个文件的选择。按住 Ctrl 键不放,用鼠标点取要选择的文件,全部选择完毕后再松开 Ctrl 键。

4. 回收站

回收站提供了删除文件或文件夹的安全网络。从硬盘删除任何项目时，Windows 将该项目放在"回收站"中而且"回收站"的图标从"空"更改为"满"。从软盘或 U 盘中删除的项目将被直接永久删除，而且不能发送到回收站。

回收站中的项目将保留直到用户决定从计算机中永久地将它们删除。当回收站充满后，Windows 将自动清除"回收站"中的空间以存放最近删除的文件和文件夹。

5. 剪贴板

剪贴板是 Windows 系统一段可连续的，可随存放信息的大小而变化的内存空间，用来临时存放交换信息。剪贴板内置在 Windows 中，并且使用系统的内部资源，或虚拟内存来临时保存剪切和复制的信息，可以存放的信息种类也是多种多样的。剪切或复制时保存在剪贴板上的信息，只有再次剪贴或复制另外的信息，或停电、退出 Windows，或有意地清除时，才可能更新或清除其内容，即剪贴或复制一次，就可以粘贴多次。

任务 5　磁盘维护与管理

任务描述

钱彬这几天发现自己使用的计算机运行速度有些慢，有时主机面板上的硬盘灯闪个不停。他急忙向同学小王请教自己的计算机究竟出了什么问题，该如何处理。

任务实施

通过和同学交流，钱彬了解到自己计算机出现目前的现象可能是因为长期没有进行磁盘整理，磁盘存储中碎片过多造成的，定期进行磁盘扫描、磁盘整理是非常重要的。

工序 1：磁盘管理

利用"计算机管理"中的"磁盘管理"工具，删除 10G 容量的 F 盘，将删除后腾出的空间和原可用空间合并后新建盘符 F，文件格式为 NTFS，卷标"备份"，执行快速格式化。

1. 单击"开始"菜单→"控制面板"→"管理工具"→"管理工具"命令，然后双击"计算机管理"命令，打开"计算机管理"窗口。

2. 单击左边窗口控制台树中的"磁盘管理"，在右侧列表中就可以看到这台计算机的所有磁盘的使用状况，如图 1-53 所示。

3. 在右侧的窗口中单击所选择的盘符 F，右击鼠标弹出快捷菜单，选择"删除卷"命令，在弹出的消息框中单击"是"按钮，此时删除盘符的空间会自动与原可用空间合并成"可用空间"状态。

4. 右击"可用空间"盘符，选择"新建简单卷"，打开"新建磁盘分区向导"对话框。

5. 跟随向导设置第一步，点击"下一步"按钮。第二步分配全部空间大小给"简单卷大小"，点击"下一步"按钮。第三步在"分配一下驱动器号"里选择 F。

6. 在向导格式化分区里的文件系统中拉选"NTFS"，分配单元大小"默认值"，卷标"备份"，勾选"执行快速格式化"，如图 1-54 所示，点击"下一步"按钮，浏览信息确定后点击"完成"按钮。

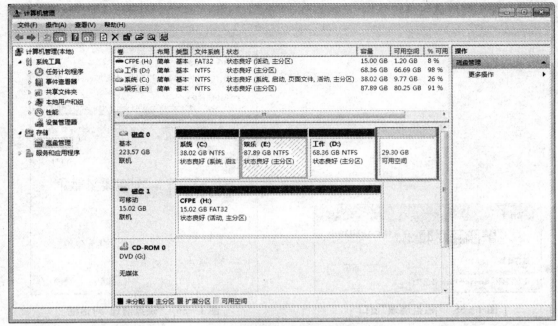

图 1-53　"计算机管理"窗口

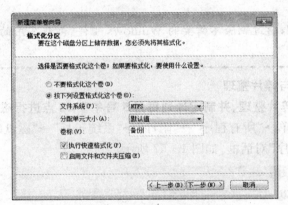

图 1-54　"格式化分区"对话框

✎说明：

很多时候,我们需要调整硬盘分区。这就需要使用磁盘管理工具进行分区调整。尽管这种调整不会对操作系统造成危害,但是更改后分区数据会丢失。因此,在进行分区调整之前需将数据进行备份。

工序 2:磁盘清理

清理系统盘 C 盘下的"Internet 临时文件"。

1. 单击"开始"菜单→"所有程序"→"附件"→"系统工具"→"磁盘清理"选项,打开"磁盘清理"驱动器选择界面。

2. 选择驱动器 C 后,出现如图 1-55 所示"磁盘清理"对话框。

3. 经过扫描等待后,弹出如图 1-56 所示对话框,勾选"Internet 临时文件",单击"确定"按钮,即可完成磁盘清理工作。

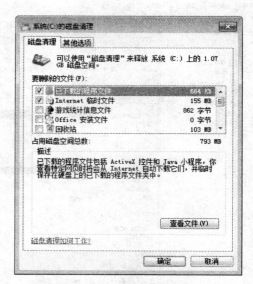

图1-55 "磁盘清理"窗口   图1-56 "磁盘清理"对话框

工序 3:磁盘扫描与碎片整理

对 C 盘进行磁盘碎片整理,并制定计划每月 5 号午夜 12 点进行磁盘碎片整理。

1. 单击"开始"菜单→"所有程序"→"附件"→"系统工具"→"磁盘碎片整理程序"选项,打开"磁盘碎片整理程序"对话框,如图 1-57 所示。

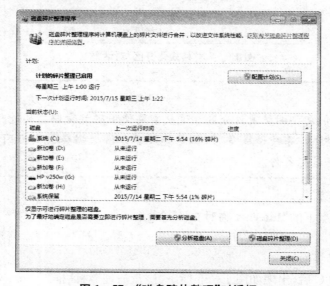

图1-57 "磁盘碎片整理"对话框

2. 选择 C 盘,点击"分析磁盘",等待分析结果(如果分析结果为 1%即不需要执行磁盘碎片整理),单击"磁盘碎片整理"按钮,立即开始对 C 盘进行碎片整理工作。

3. 单击"配置计划"按钮,在弹出的"磁盘碎片整理程序:修改计划"对话框中,设置自动执行碎片整理任务的频率为"每月"、日期为"5"、时间为"上午 12:00(午夜)"、磁盘为 C。设置完成后单击"确定"按钮,如图 1-58 所示。

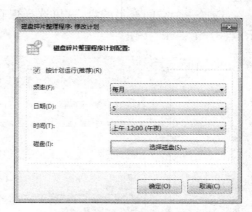

图 1-58　磁盘碎片整理计划

说明:

(1) 整理磁盘碎片的时候,要关闭其他所有的应用程序,包括屏幕保护程序,最好将虚拟内存的大小设置为固定值。不要对磁盘进行读写操作,一旦 Disk Defragment 发现磁盘的文件有改变,它将重新开始整理。

(2) 整理磁盘碎片的频率要控制合适,过于频繁的整理也会缩短磁盘的寿命。一般经常读写的磁盘分区一月整理一次。

工序 4:系统备份

利用备份和还原命令,备份钱彬的数据库及将系统映像到备份盘 F。

1. 单击"开始"菜单→"控制面板"→"备份和还原"命令,打开"备份和还原"窗口,如图 1-59 所示。

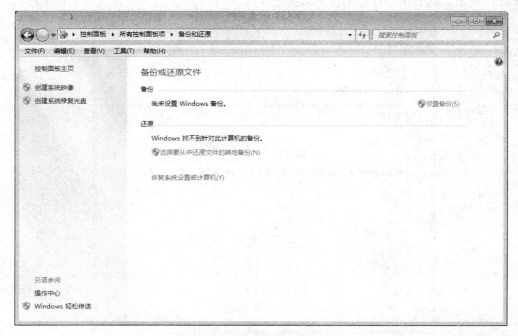

图 1-59　"备份和还原"窗口

2. 选择一个空间充足的盘,这里选择保存备份的位置为目标"备份(F:)",如图 1 - 60 所示,点击"下一步"按钮。

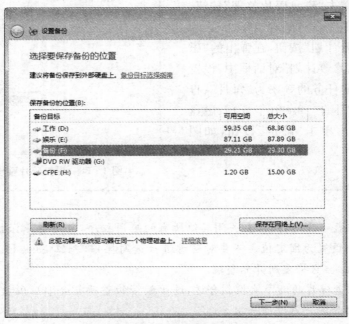

图 1 - 60　备份位置的选择

3. 在备份窗口"您希望备份哪些内容"点选"让我选择",如图 1 - 61 所示(使用 Windows 备份来备份文件时,可以让 Windows 选择备份哪些内容,或者您可以选择要备份的个别文件夹和驱动器。如果让 Windows 选择备份哪些内容,则备份将包含:在库、桌面上以及在计算机上拥有用户账户的所有人员的默认 Windows 文件夹中保存的数据文件)。

图 1 - 61　备份方式的选择

4. 在备份窗口"您希望备份哪些内容"中勾选"钱彬的库"及下方的"包括驱动器系统(C:)的系统映像",如图 1－62 所示,完成后点击"下一步"按钮。

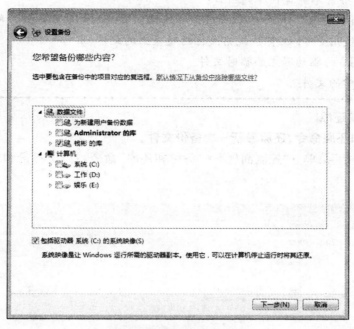

图 1－62 备份内容的选择

图 1－63 备份进程

5. 备份的进程如图 1－63 所示,在"查看详细信息"里可以看到正在复制备份的文件,进度条下方是本次计划的详细信息,备份的进度时间根据备份文件的大小而定。结束后,目标磁盘上就形成了一个新目录,里面是刚才备份下来的内容。

☞说明：

　　Windows 备份不会备份下列项目：
- 程序文件(安装程序时，在注册表中将自己定义为程序的组成部分的文件)。
- 存储在使用 FAT 文件系统格式化的硬盘上的文件。
- 小于 1GB 的驱动器上的临时文件。
- 回收站中的文件。

工序 5：系统还原
利用备份和还原命令，还原最新一次备份文件。

　　1. 单击"开始"菜单→"控制面板"→"备份和还原"命令，打开"备份和还原"窗口，如图 1-64 所示。

图 1-64　拥有备份的还原窗口

　　2. 选择"还原我的文件"弹出还原文件窗口，在"浏览或搜索要还原的文件和文件夹的备份"里找到日期为 2015 年 7 月 15 日的备份文件，单击"确定"按钮进行文件还原。如图 1-65 所示。

☞说明：

　　使用这个备份进行系统还原，是在系统启动时调出 Windows 7 内置的 WinRE 程序(Windows 恢复环境)，按照提示一步步进行恢复。

图 1 - 65　还原文件的选择

知识链接

1. 磁盘管理

管理单元是用于管理各自所包含的磁盘和卷，或者分区的系统实用程序。利用"磁盘管理"，可以初始化磁盘、创建卷，使用 FAT、FAT32 或 NTFS 文件系统格式化卷以及创建具有容错能力的磁盘系统。"磁盘管理"可以执行多数与磁盘有关的任务，而不需要关闭系统或中断用户，大多数配置更改将立即生效。

2. 磁盘清理

如果要减少硬盘上不需要的文件数量，以释放磁盘空间并让计算机运行得更快，请使用磁盘清理。该程序可删除临时文件、清空回收站并删除各种系统文件和其他不再需要的项。

3. 磁盘碎片整理

磁盘碎片因为文件被分散保存到整个磁盘的不同地方，而不是连续地保存在磁盘连续的簇中。当应用程序所需的物理内存不足时，一般操作系统会在硬盘中产生临时交换文件，用该文件所占用的硬盘空间虚拟成内存。虚拟内存管理程序会对硬盘频繁读写，产生大量的碎片，这是产生硬盘碎片的主要原因。其他如 IE 浏览器浏览信息时生成的临时文件或临时文件目录的设置也会造成系统中形成大量的碎片。磁盘碎片整理程序将计算机硬盘上的碎片文件和文件夹合并在一起，以便每一项在卷上分别占据单个和连续的空间。这样，系统就可以更有效地访问文件和文件夹，更有效地保存新的文件和文件夹。通过合并文件和文件夹，磁盘碎片整理程序还将合并卷上的可用空间，以减少新文件出现碎片的可能性。基于这个原因，我们应定期进行磁盘碎片整理。

4. 备份和还原

Windows 备份跟踪自上次备份以来添加或修改的文件，然后更新现有备份，从而节省磁盘空间。建议将备份保存在足够大容量的外部硬盘驱动器上。Windows 提供了以下备份工具：

（1）文件备份

Windows 备份允许为使用计算机的所有人员创建数据文件的备份。可以让 Windows 选择备份的内容或者用户可以选择要备份的个别文件夹、库和驱动器。默认情况下，将定期创建备份。设置 Windows 备份之后，Windows 将跟踪新增或修改的文件和文件夹并将它们添加到用户的备份中。

（2）系统映像备份

Windows 备份提供创建系统映像的功能，系统映像是驱动器的精确映像。系统映像包含 Windows 和用户的系统设置、程序及文件。如果硬盘或计算机无法工作，则可以使用系统映像来还原计算机的内容。从系统映像还原计算机时，将进行完整还原；不能选择个别项进行还原，当前的所有程序、系统设置和文件都将被替换。尽管此类型的备份包括个人文件，但还是建议用户使用 Windows 备份定期备份文件，以便根据需要还原个别文件和文件夹。设置计划文件备份时，可以选择是否要包含系统映像。此系统映像仅包含 Windows 运行所需的驱动器。如果要包含其他数据驱动器，可以手动创建系统映像。

（3）系统还原

系统还原可帮助用户将计算机的系统文件及时还原到早期的还原点。此方法可以在不影响个人文件（如电子邮件、文档或照片）的情况下，撤销对计算机所进行的系统更改。系统还原使用名为"系统保护"的功能在计算机上定期创建和保存还原点。这些还原点包含有关注册表设置和 Windows 使用的其他系统的信息。

任务 6　安装与设置打印设备

任务描述

钱彬完成了自己的毕业论文，需要打印成为纸质文稿。当他在 Word 软件中使用打印功能时，发现打印机不工作，这让他很苦恼。

任务实施

通过在网络上查询资料，钱彬找到了打印机不工作的原因，计算机系统里设置的默认打印机不是连在主机上的这一台，型号不对。钱彬通过向导，安装了打印机的驱动程序，并进行了相应的设置。他顺利地打印了自己的毕业论文。

工序 1:安装本地打印机

添加一台使用 COM2 口的 Canon Inkjet MP530 FAX 本地打印机。

1. 单击"开始"菜单→"设备和打印机"命令，打开"设备和打印机"窗口，如图 1－66所示。

图 1-66 打印机和传真

2. 在"打印机和传真"空白处右击选择"添加打印机"命令或点击工具栏里的"添加打印机",选择"添加本地打印机",如图 1-67 所示,在端口下拉列表中选择"COM2"端口,点击"下一步"按钮。

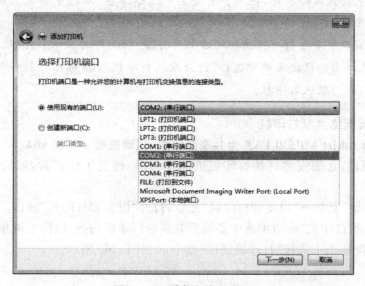

图 1-67 选择打印机端口

3. 安装打印机驱动程序里厂商选择"Canon",打印机选择"Canon Inkjet MP530 FAX",完成后点击"下一步"按钮,如图 1-68 所示。

图1-68　打印机驱动安装

4. 选择默认打印机名称,经过"正在安装打印机"进度条的等待后即可完成打印机的安装。

┌───┐
🖉小技巧:

　　(1) 如果未列出打印机,请单击"Windows Update",然后等待Windows检查其他驱动程序。

　　(2) 如果未提供驱动程序,但用户有安装CD,请单击"从磁盘安装",然后浏览到打印机驱动程序所在的文件夹。

　　(3) 当前窗口中某台打印机图标的右上角有✓标记,即为默认打印机。右击另一台打印机图标,在弹出的快捷菜单中选择"设为默认打印机",✓标记即转移到当前设置的打印机图标上,成为默认打印机。
└───┘

工序2:设置网络共享打印机

设置 Canon Inkjet MP530 FAX 为共享打印机,驱动兼容 x86 和 x64。

共享打印机前,必须安装好该打印机的驱动程序,使其工作正常,然后再执行下面的步骤。

1. 单击"开始"菜单→"设备和打印机"命令,打开"设备和打印机"窗口。

2. 在"设备和打印机"窗口中选中要设置共享的打印机图标,鼠标右键单击该打印机图标,从弹出的快捷菜单中选择"打印机属性"命令,如图1-69所示。

图 1 – 69　打印机属性选择

3. 在打印机属性对话框中，选择"共享"选项卡，在该选项卡中选中"共享这台打印机"单选按钮，在"共享名"文本框中输入该打印机在网络上的共享名称，如图 1 – 70 所示。

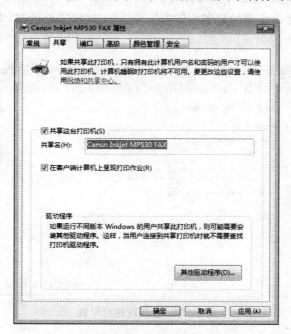

图 1 – 70　共享设置

4. 单击"其他驱动程序"按钮，打开"其他驱动程序"对话框，勾选"x64"，单击"确定"按钮，如图 1 – 71 所示（这样 64 位的用户连接这台打印机的时候就可以自动下载相应的驱动）。

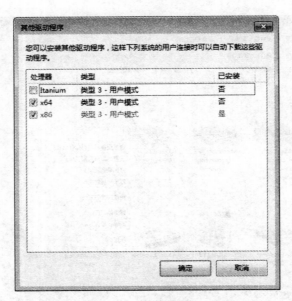

图 1-71　其他驱动程序

工序 3:添加网络打印机

搜索添加网络打印机。

1. 在"打印机和传真"空白处右击选择"添加打印机"命令或点击工具栏里的"添加打印机",选择"添加网络、无线 Bluetooth 打印机"。

2. 在弹出"正在搜索可用的打印机"列表下方点击"我需要的打印机不在列表中"弹出如图 1-72 所示窗口。

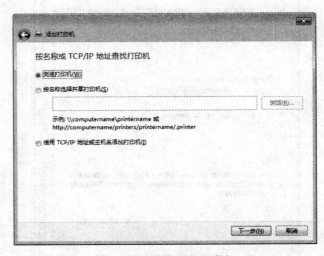

图 1-72　查找网络打印机

3. 点选"浏览打印机",然后单击"下一步"。

4. 在"请选择希望使用的网络打印机并单击选择以与之连接"窗口中选择 JOHN-PC,如图 1-73 所示。

图 1 - 73　网络计算机选择

5. 双击"JOHN-PC"计算机图标，它的名称将出现在"打印机"文本框中。在列表中，打印机是以打印机小型图片（图标）来表示的，如图 1 - 74 所示。

图 1 - 74　网络打印机选择

6. 单击"选择"按钮，设置为默认打印机，选择"打印测试页"进行确认，无误后点击"完成"即完成网络打印机连接过程。如图 1 - 75 所示。

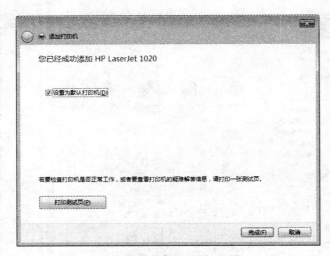

图 1-75 网络打印机测试

7. 打印机的图标出现在"打印机和传真"文件夹中。当连接网络上的共享打印机之后，就可以像连接到自己的计算机上一样使用它。如图 1-76 所示。

图 1-76 网络打印机的添加使用

知识链接

1. 打印机

打印机(Printer)是计算机的输出设备之一，用于将计算机处理结果打印在相关介质上的工具，主要包括以下几种：

(1) 针式打印机，在打印机历史的很长一段时间上曾经占有着重要的地位。针式打印机之所以在很长的一段时间内能流行不衰，这与它极低的打印成本和很好的易用性以及单据打印的特殊用途是分不开的。当然,它很低的打印质量、很大的工作噪声也是它无法适应高质量、高速度的商用打印需要的根结,所以现在只有在银行、超市等用于票单打印的地方还可以看见它的踪迹。

（2）彩色喷墨打印机,因其有着良好的打印效果与较低价位的优点因而占领了广大中低端市场。此外喷墨打印机还具有更为灵活的纸张处理能力,在打印介质的选择上,喷墨打印机也具有一定的优势:既可以打印信封、信纸等普通介质,还可以打印各种胶片、照片纸、光盘封面、卷纸、T 恤转印纸等特殊介质。

（3）激光打印机,它为我们提供了更高质量、更快速、更低成本的打印方式,它的打印原理是利用光栅图像处理器产生要打印页面的位图,然后将其转换为电信号等一系列的脉冲送往激光发射器,在这一系列脉冲的控制下,激光被有规律的放出。与此同时,反射光束被感光鼓接收。激光发射时就产生一个点,激光不发射时就是空白,这样就在接收器上印出一行点。然后接收器转动一小段固定的距离继续重复上述操作。当纸张经过感光鼓时,鼓上的着色剂就会转移到纸上,印成了页面的位图。最后当纸张经过一对加热辊后,着色剂被加热熔化,固定在了纸上,就完成打印的全过程,这整个过程准确而且高效。虽然激光打印机的价格要比喷墨打印机昂贵的多,但从单页的打印成本上讲,激光打印机则要便宜很多。

（4）其他专业打印机除了以上三种最为常见的打印机外,还有热转印打印机、大幅面打印机和 3D 打印机等几种应用于专业方面的打印机机型。热转印打印机是利用透明染料进行打印的,它的优势在于专业高质量的图像打印方面,可以打印出近于照片的连续色调的图片来,一般用于印前及专业图形输出。大幅面打印机,它的打印原理与喷墨打印机基本相同,但打印幅宽一般都能达到 24 英寸(61 cm)以上。它的主要用途一直集中在工程与建筑领域、广告制作、大幅摄影、艺术写真和室内装潢等装饰宣传的领域中。3D 打印机又称三维打印机,是一种累积制造技术,即快速成形技术的一种机器,它是一种以数字模型文件为基础,运用特殊蜡材、粉末状金属或塑料等可黏合材料,通过打印一层层的粘合材料来制造三维的物体,现阶段三维打印机被用来制造产品。

2. 打印机驱动程序

打印驱动程序是指电脑输出设备打印机的硬件驱动程序。它是操作系统与硬件之间的纽带。电脑配置了打印机以后,必须安装相应型号的打印机驱动程序。一般由打印机生产厂商提供光盘,网上也可以根据型号下载下来进行安装。如果仅仅安装打印机不安装打印机驱动程序也是没有办法打印文档或图片的,而且无法正常使用。要想使用一台打印机,必须先安装相应打印机的驱动程序,驱动程序起决定性的作用。现在的打印机 90% 以上为USB 接口,安装时,不要打开打印机电源,将打印机连接好后,按照打印机配套安装光盘提示安装程序,直到出现提示连接打印机时,再打开电源。这样就不容易出现打印驱动程序出错的问题。安装完成后最好重启一下电脑。如果没有打印驱动程序的安装光盘,可以在网上根据打印机的型号下载驱动程序安装。

3. 设备和打印机

"设备和打印机"文件夹中显示的设备通常是外部设备,可以通过端口或网络连接连接到计算机或从计算机断开连接。

（1）用户随身携带以及偶尔连接到计算机的便携设备,如移动电话、便携式音乐播放器和数字照相机。

（2）插入到计算机上 USB 端口的所有设备，包括外部 USB 硬盘驱动器、闪存驱动器、摄像机、键盘和鼠标。

（3）连接到计算机的所有打印机，包括通过 USB 电缆、网络或无线连接的打印机。

（4）连接到计算机的无线设备，包括 Bluetooth 设备和无线 USB 设备。

（5）连接到计算机的兼容网络设备，如启用网络的扫描仪、媒体扩展器或网络连接存储设备（NAS 设备）。

任务 7 显示设备的设置

任务描述

钱彬在论文答辩的时候，需要笔记本接投影机进行 PPT 的演示汇报。为了顺利通过答辩，钱彬提前一天便去测试，可是折腾了半天图像和声音还是存在问题，这让他束手无策。

任务实施

通过在网络上查询资料和咨询指导老师，钱彬找到了原因，原来使用外部投影仪的时候根据不同的输出模式需要调整不同的屏幕分辨率，声音设备的选择决定了是同一视频输出还是另外接线输出。经过准备，第二天他顺利地完成了毕业论文答辩的演示汇报。

工序 1：设置屏幕分辨率

设置计算机显示器屏幕的分辨率为全高清 1080P(1920×1080)。

1. 在桌面单击鼠标右键，从弹出的快捷菜单中选择"屏幕分辨率"选项，打开"屏幕分辨率"窗口，如图 1－77 所示。

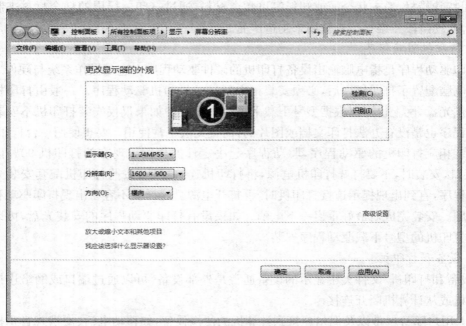

图 1－77 屏幕分辨率窗口

2. 在"分辨率"下拉菜单中,通过拖动滚动条来选择屏幕分辨率"1920×1080"。

说明:

如果将监视器设置了不支持的屏幕分辨率,那么屏幕会在几秒钟内变成黑色,然后还原为原来的分辨率,当设置的分辨率高于设备所支持的分辨率时,设备将无法正常显示。

工序 2：设置屏幕刷新率和色彩

设置屏幕刷新率为"60 赫兹",颜色显示为"32 位"显示。

1. 修改显示器刷新频率。在"屏幕分辨率"窗口单击"高级设置"按钮。在弹出的对话框中选择"监视器"选项卡,如图 1-78 所示。

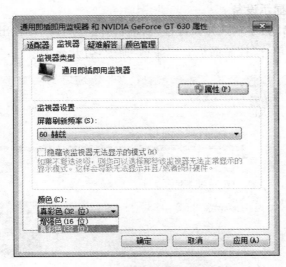

图 1-78　屏幕刷新率和颜色选择

2. 在"屏幕刷新频率"的下拉列表框中选择"60 赫兹"。屏幕刷新率过高会使显示器的使用寿命降低。屏幕刷新率越高,人眼的闪烁感就最小,稳定性也会越高。

3. "颜色"下拉列表框中选择"真彩色(32 位)",可使显示器的显示颜色更加丰富。

工序 3：视频信号的切换

在连接的笔记本和投影幕布上同时显示演示 PPT 文件。

1. 单击"开始"菜单→"所有程序"→"附件"→"连接到投影仪"选项,打开窗口如图 1-79 所示。

2. 在显示器中间弹出的窗口里点击"复制"即可完成。

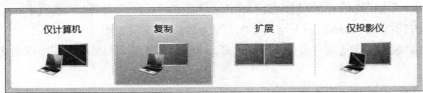

图 1-79　连接到投影仪

小技巧:

Windows 7 中可以用快捷键"Win＋P"来切换"仅计算机"、"复制"、"扩展屏"或"仅投影仪"的设置,也可以用命令行 displayswitch. exe 来实现。

(1)"仅计算机":表示关闭投影仪显示,仅在计算机上显示。

(2)"复制":这样投影仪上的画面和电脑上的画面是同步的。

(3)"扩展":表示投影仪作为电脑的扩展屏幕,屏幕的右半部分会显示在投影仪上,此选择使在投影的同时,电脑上可进行其他操作而不影响投影的内容,比如在演讲时可记录笔记。

(4)"仅投影仪":关闭电脑显示,影像只显示在投影仪上,一般视频播放时使用。

工序 4:使用外置显示设备

使用笔记本 HDMI 数字输入接口连接电视机,并通过 HDMI 输出音频到连接设备。

1. 单击"开始"菜单→"控制面板"→"显示"命令,打开显示窗口,如图 1-80 所示。

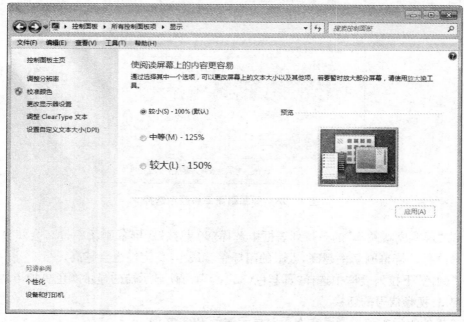

图 1-80　显示窗口

2. 点击窗口左侧的"调整分辨率"选项,打开屏幕分辨,选择显示器"2. Panasonic-TV",默认分辨率及方向,在显示器列表中选择"只在 2 上显示桌面",如图 1-81 所示。

3. 单击"开始"菜单→"控制面板"→"声音"命令,打开"声音播放"选项卡。

4. 点击选择"Panasonic-TV",右击"设置为默认设备",如图 1-82 所示。

5. 单击"确定"以完成声音的设置,这样就完成了通过 HDMI 线同时传送视频和音频的方案。

图 1 - 81　显示器选择及设置

图 1 - 82　声音输出设备的选择

✎说明：
（1）在关闭电脑和输出设备的情况下进行 HDMI 线连接。
（2）确保投影仪已打开再打开电脑进行配置。

知识链接

1. 显示接口

显示接口是指显卡与显示器、投影仪、电视机等图像输出设备连接的接口,常见的显示接口如下:

(1) 15 针 D-Sub 输入接口

15 针 D-Sub 输入接口也叫 VGA 接口,如图 1-83 所示。CRT 彩显因为设计制造上的原因,只能接受模拟信号输入,最基本的包含 R\G\B\H\V(分别为红、绿、蓝、行、场)5 个分量,不管以何种类型的接口接入,其信号中至少包含以上这 5 个分量。大多数 PC 机显卡最普遍的接口为 D-15,即 D 形三排 15 针插口,其中有一些是无用的,连接使用的信号线上也是空缺的。除了这 5 个必不可少的分量外,最重要的是在 1996 年以后的彩显中还增加入 DDC 数据分量,用于读取显示器 EPROM 中记载的有关彩显品牌、型号、生产日期、序列号、指标参数等信息内容,以实现 WINDOWS 所要求的 PnP(即插即用)功能。

图 1-83　VGA 接口

(2) DVI 数字输入接口

DVI(Digital Visual Interface,数字视频接口)是近年来随着数字化显示设备的发展而发展起来的一种显示接口,如图 1-84 所示。普通的模拟 RGB 接口在显示过程中,首先要在计算机的显卡中经过数字/模拟转换,将数字信号转换为模拟信号传输到显示设备中,而在数字化显示设备中,又要经模拟/数字转换将模拟信号转换成数字信号,然后再显示。在经过 2 次转换后,不可避免地造成了一些信息的丢失,对图像质量也有一定影响。而在 DVI 接口中,计算机直接以数字信号的方式将显示信息传送到显示设备中,避免了 2 次转换过程,因此从理论上讲,采用 DVI 接口的显示设备的图像质量要更好。另外 DVI 接口实现了真正的即插即用和热插拔,免除了在连接过程中需关闭计算机和显示设备的麻烦。现在很多液晶显示器都采用该接口,CRT 显示器使用 DVI 接口的比例比较少。需要说明的是,现在有些液晶显示器的 DVI 接口可以支持 HDCP 协议。

图 1-84　DVI 数字输入接口

(3) HDMI 数字输入接口

HDMI 的英文全称是"High Definition Multimedia",中文的意思是高清晰度多媒体接口,如图 1-85 所示。HDMI 接口可以提供高达 5Gbps 的数据传输带宽,可以传送无压缩的音频信号及高分辨率视频信号。同时无需在信号传送前进行数/模或者模/数转换,可以保证最高质量的影音信号传送。应用 HDMI 的好处是:只需要一条 HDMI 线,便可以同时传送影音信号,而

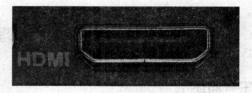

图 1-85　HDMI 数字输入接口

不像现在需要多条线材来连接;同时,由于无线进行数/模或者模/数转换,能取得更高的音频和视频传输质量。对消费者而言,HDMI 技术不仅能提供清晰的画质,而且由于音频和视频采用同一电缆,大大简化了家庭影院系统的安装。HDMI 接口支持 HDCP 协议,为看有版权的高清电影电视打下基础。

2. 显示分辨率

显示分辨率是显示器在显示图像时的分辨率,分辨率是用点来衡量的,显示器上这个"点"就是指像素(pixel)。显示分辨率的数值是指整个显示器所有可视面积上水平像素和垂直像素的数量。例如 1920×1080 的分辨率,是指在整个屏幕上水平显示 1920 个像素,垂直显示 1080 个像素。每个显示器都有自己的最高分辨率,并且可以兼容其他较低的显示分辨率,所以一个显示器可以用多种不同的分辨率显示。计算机显示画面的质量与屏幕分辨率和刷新频率息息相关,在相同大小的屏幕上,分辨率越高,显示就越小,因此显示分辨率虽然是越高越好,但是还要考虑一个因素,就是人眼能否识别。由于显示器的尺寸有大有小,而显示分辨率又表示所有可视范围内像素的数量,所以相同的分辨率对不同的显示器显示的效果也是不同的,主流尺寸台式机液晶显示器及笔记本分辨率如表 1-2 所示,而设置刷新频率主要是防止屏幕出现闪屏拖尾等现象。

表 1-2　主流尺寸台式机液晶显示器及笔记本分辨率对照表

产品尺寸(屏幕比例)	产品最佳分辨率大小
18.5 英寸(16:9)	1366×768
19 英寸(16:10)	1440×900
20 寸(16:9)	1600×900
21.5 英寸(16:9)	1920×1080
22 英寸(16:10)	1680×1050
23.6 英寸(16:9)	1920×1080
24 英寸(16:9)	1920×1080
24 英寸(16:10)	1920×1200
27 英寸(16:9)	1920×1080
27 英寸(高分)(16:9)	2560×1440
30 英寸(16:10)	2560×1600
12.1 英寸笔记本	1280×800
13.3 英寸笔记本	1024×600 或 1280×800
14.1 英寸笔记本	1366×768
15.4 英寸笔记本	1280×800 或 1440×900

任务8　管理与运行应用程序

任务描述

钱彬在使用计算机时常会遇到应用程序无响应,点击窗口右上角的关闭按钮也关闭不了应用程序。遇到这种情况,钱彬往往只能是强行关机后再重新启动。随着各种小软件的安装,他发现有的应用程序没有提供卸载的功能,不想用这个软件却卸载不了。这些情况的出现让钱彬觉得很困扰。

任务实施

通过和同事的交流,钱彬了解到 Windows 7 系统提供了任务管理器来管理程序的运行;添加/删除程序功能可以添加、删除 Windows 组件和其他的应用程序,给日常的工作带来了很大的方便。

工序 1:启动和关闭应用程序

利用"任务管理器"关闭"Window Media Player"应用程序,并查看当前 CPU 和内存的使用状况。

1. 右击任务栏上的空白处,在弹出的快捷菜单中单击"任务管理器",打开"Windows 任务管理器"对话框,如图 1－86 所示。

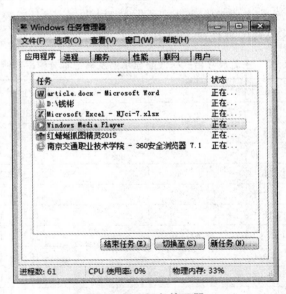

图 1－86　任务管理器

2. 在"应用程序"选项卡可以看到目前正在运行的应用程序列表。在应用程序列表中选择要关闭的"Windows Media Player"应用程序,单击"结束任务",即可关闭该应用程序。

3. 单击"性能"选项卡,可以看到如图 1－87 所示的当前 CPU 和内存的使用状况。

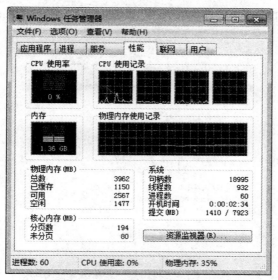

图 1 - 87　任务管理器——性能

小技巧：

　　同时按下"Ctrl＋Alt＋Delete"组合键可以快速启动 Windows 任务管理器。

工序 2：安装和删除应用程序

打开 Windows 功能里的"FTP 服务器"，在"程序和功能"里卸载"ATA 考试机 5.4"程序。

1. 单击"开始"菜单→"控制面板"→"程序和功能"命令，打开"程序和功能播放"窗口，如图 1 - 88 所示。

图 1 - 88　程序和功能窗口

2. 单击"打开或关闭 Windows 功能",弹出如图 1-89 所示"Windows 组件"向导。

图 1-89　添加 FTP 功能

（3）在"组件"列表中勾选需要安装的组件"Internet 信息服务"下的"FTP 服务器",单击"确定"按钮,进行程序的安装。

（4）从应用程序列表中选择所需删除的对象"ATA 考试机 5.4",单击"卸载"按钮,即弹出"ATA 考试机 5.4"卸载对话框,单击"是"按钮即可完成"ATA 考试机 5.4"程序的卸载,如图 1-90 所示。

图 1-90　程序的卸载

✎**说明：**

"添加/删除程序"只会删除那些为 Windows 操作系统编写的程序。对于其他程序，可检查文档以查看是否应该删除其他文件（例如. ini 文件）。还可以浏览整张光盘，然后打开程序的安装文件，文件名通常为 Setup. exe 或 Install. exe（以安装 Office 2010 为例子）。打开 Office 2010 所在的文件夹，双击打开"Setup. exe"应用程序，如图 1 - 91 所示。根据向导即可完成 Office 2010 的安装。

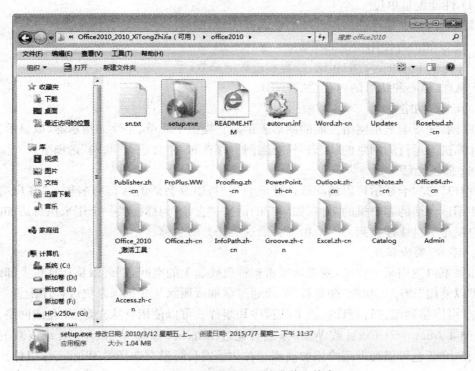

图 1 - 91　Office 2010 的安装文件夹

知识链接

1. 任务管理器

任务管理器提供了有关计算机性能的信息，并显示了计算机上所运行的程序和进程的详细信息。使用任务管理器可以监视计算机性能的关键指示器，可以使用多达 15 个参数评估正在运行的进程的活动，查看反映 CPU 和内存使用情况的图形和数据。如果连接到网络，也可以查看网络状态并迅速了解网络是如何工作的。根据工作环境，以及是否与其他用户共享你的计算机。用户还可以查看关于这些用户的其他信息。使用 Windows 任务管理器，还可以结束程序或进程、启动程序以及查看计算机性能的动态显示。

任务管理器对话框中包含以下五项内容：

（1）正在运行的程序

"应用程序"选项卡显示计算机上正在运行的程序的状态。在此选项卡中，用户能够结束、切换或者启动程序。

(2) 正在运行的进程

"进程"选项卡显示关于计算机上正在运行的进程的信息,包括 CPU 和内存使用情况、页面错误、句柄计数以及许多其他参数的信息。

(3) 正在运行的服务

"服务"选项卡显示关于计算机上正在运行的进程的信息,包括 PID、服务的描述、服务的状态、所属工作组的信息。

(4) 性能度量单位

"性能"选项卡显示计算机性能的动态概述,其中包括:

● CPU 和内存使用情况的图表;

● 计算机上正在运行的句柄、线程和进程的总数;

● 物理、核心和认可的内存总数(KB)。

(5) 查看网络性能

"联网"选项卡显示网络性能的图形表示。它提供了简单、定性的指示器,以显示正在用户的计算机上运行的网络的状态。只有当网卡存在时,才会显示"联网"选项卡。

(6) 监视会话

"用户"选项卡显示可以访问该计算机的用户,以及会话的状态与名称。"客户端名称"指定使用该会话的客户机的名称(如果有的话)。"会话"为你提供一个用来执行诸如向另一个用户发送消息或连接到另一个用户会话这类任务的名称。

2. 添加/删除程序

如果不再使用某个程序,或者如果希望释放硬盘上的空间,则可以从计算机上卸载该程序。可以使用"程序和功能"卸载程序,或通过添加或删除某些选项来更改程序配置。"程序和功能"可以帮助用户管理计算机上的程序和组件。可以使用它从光盘、软盘或网络上添加程序(例如 Microsoft Excel 或 Word),或者通过 Internet 添加 Windows 升级或新的功能。"程序和功能"也可以帮助用户添加或删除在初始安装时没有选择的 Windows 组件。

综合训练

任务一

公司总部下设人事部、财务部、技术部、规划部、研发部、生产部、销售部和综合办公室。由于部门较多,存放的文件多且杂乱,可能出现关键时刻找不到所需文件的情况。合理的管理公司文件,对于提高工作效率将有较大的帮助。现在请你把公司计算机中的文件重新整理,要求如下:

1. 建立新文件夹,名称"公司",在此文件夹下,为每个部门建立文件夹。

2. 在"公司"文件夹下创建 3 个新文件,文本文件 xiaoshou. txt,guihua. txt 和位图文件 renshi. bmp。

3. 打开"附件"中的"计算器"程序,并将其抓图,将此图保存到 renshi. bmp 文件中。

4. 将文件 xiaoshou. txt 改名为"销售. txt",并将其移动到"销售部"文件夹中。

5. 将文件 guihua. txt 复制到"规划部"文件夹中。

6. 删除"销售部"文件夹，发现误删后，将其恢复。

7. 使用"资源管理器"浏览各部门文件夹，并以"详细信息"方式显示文件。

8. 在桌面创建"规划部"的快捷方式。

9. 搜索 C 盘下所有以 W 字母开头的扩展名为 MID 的文件并将其复制到"财务部"文件夹中。

任务二

公司最近为每个员工配备了自己工作的计算机。完成如下设置，让你的计算机展现自己的个性。

1. 桌面的背景图设置为你所喜爱的图片。

2. 屏幕保护程序设置为字幕"快快乐乐每一天！"，启动时间为 5 分钟。

3. 清除"我最近的文档"中的文档。

4. 锁定任务栏，并在通知区域显示时钟。

5. 把鼠标设置为左手习惯。

6. 在打字时隐藏鼠标指针。

7. 在桌面上显示语言栏。

8. 添加"中文全拼"输入法。

9. 外观字体设置为大字体。

10. 在 D 盘以自己的姓名创建一个文件夹，并将其设置为共享文件夹。

11. 使用"添加/删除程序"来卸载软件"暴风影音"。

12. 进行磁盘清理操作，收回临时文件占用的硬盘空间。

任务三

1. 创建一个名为 Lauren 的用户账户，开启来宾账户，为 Lauren 账户设置密码为"lr123456"。

2. 应用"Aero"主题中的"人物"主题，并设置图片位置为"适应"。

3. 更改图片时间间隔为"1 分钟"，播放方式为"无序播放"，设置窗体颜色为"天空"，不启用透明效果。

4. 设置"Windows 登录"声音为(E:\music\开机音乐. wav)，另存为"Lauren"声音方案，将设置完成的主题保存为"Lauren 的主题"。

5. 整理 E 盘碎片。

6. 安装飞信 2012，安装目录为"D:\Program Files\China Mobile\Fetion"，添加桌面快捷方式，不安装其他组件，也不添加其他快捷方式。

7. 添加一个新的时钟，选择时区为"大西洋时区"。

8. 添加一台使用 COM1 口的 Canon Inkjet MP530 FAX 本地打印机。

9. 设置计算机显示器屏幕的分辨率为 1366×768。

模块 2　Word 2010 应用

　　毕业论文是高等职业技术学院教学过程的重要环节之一，它培养学生综合地创造性地运用所学的全部专业知识和技能解决较为复杂问题的能力，并使他们受到科学研究的基本训练，为今后的工作打下坚实的基础。本模块以某毕业生的毕业论文为例，通过 5 个具体任务的实现，全面讲解 Office 2010 办公组件中文字处理软件 Word 2010 的应用。通过本模块的学习，能使读者系统掌握 Word 2010 的使用方法和应用技巧，并能应用该软件完成各种文档的编辑与排版工作，从而满足日常办公所需。

学习目标

　　(1) 掌握 Word 2010 文档的创建、打开及保存；

　　(2) 掌握 Word 2010 文档字符格式、段落格式的设置；

　　(3) 掌握 Word 2010 文档中图片、艺术字的插入与编辑；

　　(4) 掌握 Word 2010 文档中样式的使用；

　　(5) 掌握 Word 2010 文档中节、目录、页眉页脚、脚注尾注的插入；

　　(6) 掌握 Word 2010 文档中表格的插入与编辑；

　　(7) 掌握 Word 2010 文档中邮件合并操作。

任务 1　文档创建与编辑

任务描述

　　钱彬同学今年 6 月份就要毕业了，现在他正着手撰写毕业论文，毕业论文由以下几个部分组成：封面、摘要、目录、正文、结束语、参考文献及致谢。首先他要完成的是毕业论文文档的创建与编辑工作。"毕业论文"的创建与编辑包括了文档的创建、字符及段落格式设置。通过对字符及段落格式的设置，"毕业论文"页面变得美观、简洁。由于毕业论文的内容较多，在本任务中，以论文的"摘要"部分为例来阐述文档的创建与编辑。页面效果如图 2-1 所示。最终电子文档效果见文件 2-1.docx。

摘　要

在网络技术的迅猛发展下,互联网的不断普及,让人们都感受到网络的方便快捷,从而大家都喜欢选择从互联网上获取信息。因此,互联网逐渐成为一个宽广的信息发布平台和获取信息的平台。企业网站的建设不仅是对自己的一次宣传,更是一种理念的灌输,为自己企业做大做强必定会产生不可忽视的作用的,所以在现今社会对于一个企业来说,网站已经是不可缺少的一部分了。

北京拓尔思信息技术股份公司公司(简称 TRS 公司)专注于海量非结构化信息处理为核心的软件研发、销售和技术服务,本网站通过 Internet 来对外宣传、普及,从而帮助到更多想了解 TRS 公司的人们。整个网站都是以公司新闻内容、互动交流为主,主要包括了首页、公司简介、产品简介、产品介绍、在线留言、后台管理 6 个栏目。在整个设计过程中主要是运用 Dreamweaver cs5、SQL Server 2005、ASP 等编写的,加上 SQL Server 2005 作为后台数据库,制作了一个简单的服务性企业网站系统,实现了企业网站的基本功能,例如用户注册登录,留言板的实现等。

★关键字:
1)　企业网站
2)　ASP
3)　SQL
4)　Server2005
5)　Dreamweaver cs5
6)　互动交流

图 2-1　"文档的创建与编辑"页面效果图

任务实施

工序 1:Word 文档的建立

新建 Word 文档"毕业论文.docx",并保存在计算机 C 盘中。

1. 单击"开始"菜单→"所有程序"→"Microsoft Office"→" Microsoft Office Word 2010"命令,即可启动 Word 2010,并自动创建一个空白文档"文档 1－Microsoft Word",如图 2-2 所示。该文档窗口由标题栏、选项卡、工具栏、标尺、滚动条、文本编辑区和状态栏等部分组成。

2. 单击"快速访问工具栏"上的"保存"按钮,打开"另存为"对话框,如图 2-3 所示。

3. 在"保存位置"下拉列表框中,选择"C 盘"。

4. 在"文件名"框中输入文件名"毕业论文"。

5. 单击"保存"按钮,Word 2010 在保存文档时自动增加扩展名".docx"。

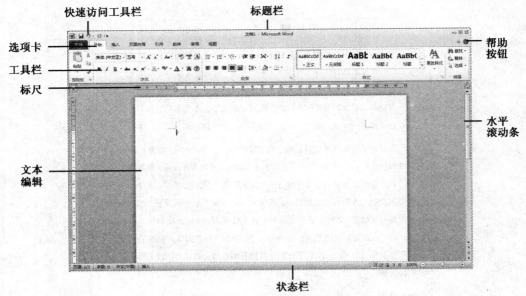

图 2-2　Word 2010 的标准界面

图 2-3　"另存为"对话框

小技巧：

　　若希望文件不被其他用户打开或修改，可对文档进行加密。具体方法有两种：

　　(1) 打开要加密的 Word 文档，单击左上角的"文件"选项卡，在弹出的列表中单击"信息"选项，在中间的窗格中单击"保护文档"小三角形按钮，在弹出的菜单单击"用密码进行加密"命令，弹出加密文档窗口，在此键入密码，修改完成后单击"确定"按钮，接着再弹出确认密码对话框，继续键入密码，单击"确定"按钮。

　　(2) 打开要加密的 Word 文档，单击菜单栏上的"文件"，在弹出来的列表中单击"另存为"按钮，弹出另存为界面，在最下面单击"工具"按钮，选择"常规选项"，进入常规选项界面,在打开文件时,密码框中键入要锁定的密码,弹出确认密码对话框,继续键入密码,单击"确定"按钮,最后保存设置好密码的文档即可。密码可以包含字母、数字、空格和符号的任意组合。

☞**注意:**

- 在编辑文档时应养成经常保存文档的好习惯,以避免因死机或停电造成的突然关机而使内存中的数据丢失的情况发生。
- 如果同时打开了多个 Word 文档,就会出现多个 Word 窗口,此时若单击某个 Word 文档窗口上的"关闭"按钮,只能关闭该文档而不会退出 Word 2010。若希望退出 Word 2010,就必须选中文档窗口中的"文件"选项卡,单击"退出"图标按钮。

工序 2:文档内容输入与特殊符号插入

输入毕业论文的文字内容:第一部分"摘要",并在"关键字"前插入特殊符号"★"。

在"毕业论文.docx"文档建立后,光标在文本编辑区左上角闪烁,表明可以在文档窗口中输入文本。

1. 启动自己所熟悉的中文输入法(可用"Ctrl+Shift"键进行切换)。

2. 输入相应内容(也可从文本文件"毕业论文文字稿.txt"中拷贝),"摘要"页面效果如图 2-4 所示。

摘要:

　　在网络技术的迅猛发展下,互联网的不断普及,让人们都感受到网络的方便快捷,从而大家都喜欢选择从互联网上获取信息。因此,互联网逐渐成为一个宽广的信息发布平台和获取信息的平台。企业网站的建设不仅是对自己的一次宣传,更是一种理念的灌输,为自己企业做大做强必定会产生不可忽视的作用的,所以在现今社会对于一个企业来说,网站已经是不可缺少的一部分了。

　　北京拓尔思信息技术股份有限公司公司(简称 TRS 公司)专注于海量非结构化信息处理为核心的软件研发、销售和技术服务,本网站通过 Internet 来对外宣传、普及,从而帮助到更多想了解 TRS 公司的人们。整个网站都是以公司新闻内容、互动交流为主,主要包括了首页、公司简介、产品简介、产品介绍、在线留言、后台管理 6 个栏目。在整个设计过程中主要是运用 Dreamweaver cs5、SQL Server 2005、ASP 等编写的,加上 SQL Server 2005 作为后台数据库,制作了一个简单的服务性企业网站系统,实现了企业网站的基本功能,例如用户注册登录,留言板的实现等。

关键字:企业网站, ASP, SQL Server2005, Dreamweaver cs5, 互动交流

图 2-4　"摘要"样文

✎**说明:**

　　(1)输入文字时,Word 会在右边界自动换行,只有在一个段落结束时,才需要按 Enter 键。每按一次 Enter 键,系统就会插入一个符号"↵",称为"段落标记",用于标记段落的结尾,并记录了该段落的格式信息。

　　(2)如果输入文本内容有错误或者需要修改,可以按退格键"Backspace"键删除插入点左侧的一个字符,或按删除键"Del"键删除插入点右侧的一个字符;如果需要添加内容,可以在插入点处直接键入,插入点右边的字符会自动向后移动。

　　(3)文本的复制、粘贴、删除。

● 移动与复制文本

移动粘贴文本：选择要移动的文本，然后用鼠标拖动选择的文件(或Ctrl＋X)至需要的位置(或Ctrl＋V)。

复制粘贴文本：选择要复制的文本，然后按住Ctrl键和鼠标左键拖动文本(或Ctrl＋C)至需要的位置(或Ctrl＋V)。

● 删除文本

选定要删除的文本，按Delete键或退格键即可将其删除。

注意：

输入内容时，不用在开始输入一串空格来使文本对齐或连续按Enter键产生空行进行分页，这样的做法是不合适的，会影响后期排版的效果。

3. 将光标置于特殊符号插入点处。

4. 单击"插入"选项卡中的"符号"下拉菜单，再选择"其他符号"命令，打开"符号"对话框，如图2－5所示。

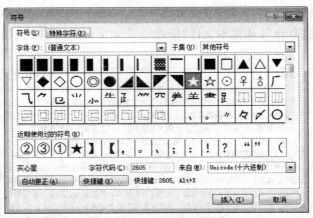

图2－5　"符号"对话框

5. 选择"符号"选项卡，选择字体区域中的"普通文本"、子集区域中的"其他符号"，选取"★"符号。

6. 单击"插入"按钮。页面效果如图2－6所示。

★关键字：企业网站，ASP，SQL Server2005，Dreamweaver cs5，互动交流

图2－6　"特殊符号"样文

小技巧：

在编辑操作过程中，往往会产生一些错误的操作或者对某个对象进行操作之后觉得不满意，Word 2010提供了错误操作处理功能，可以撤消这些操作，使文档恢复到原来状态。撤消操作：单击常用工具栏上的"撤消"按钮(或Ctrl＋Z)。恢复操作：单击常用工具栏上的"恢复"按钮(或Ctrl＋Y)。

工序 3：设置字符格式

将"摘要"的标题设置为：黑体、四号、加粗、字符间距为加宽 12 磅；正文内容设置为宋体、小四。

1. 选定要设置的标题文本"摘要"。

2. 切换到"开始"选项卡，在"字体"组中可以看到"字体"、"字号"等设置按钮。单击"字体"按钮旁边的箭头按钮，在下拉菜单中选择"黑体"；单击"字号"按钮旁边的下拉列表箭头按钮，在下拉菜单中选择"四号"；单击"加粗"按钮对文本进行加粗设置，如图 2-7 所示。

> **小技巧：**
>
> 在对字体进行设置时，也可以在选中的文字上右击，在弹出的快捷菜单中选择"字体"命令，然后在弹出的"字体"对话框中对文字的字体、字号、字形、字符间距及文字效果等进行综合设置。

3. 设置字符间距。选定标题文本"摘要"，在"开始"选项卡中单击"字体"对话框启动器，如图 2-8 所示。在弹出的"字体"对话框中，切换到"高级"选项卡，接着在"间距"下拉列表框中选择"加宽"选项，然后在右侧的"磅值"微调框中选择"12 磅"选项，如图 2-9 所示。

图 2-7　"字体"对话框

图 2-9　"高级"选项卡

图 2-8　单击"字体"对话框启动器

4. 选择"摘要"的正文，设置为宋体、小四（同步骤 2）。

✍说明：

在 Word 2010 中，可以通过拖动鼠标来选定文本，也可以通过键盘来选定文本；可以选定一个字、一个词、一句话，也可以选定整行、一个段落、一块不规则区域中的文本。

（1）拖动鼠标选定文本

首先将"Ｉ"光标放到要选定的文本的前面，按下鼠标左键，在文档中从需要选取的起始位置开始拖动鼠标到终止位置，起始位置和终止位置之间的文本被选取。

（2）选定一个词

如果要选定一个词，可将鼠标放在一个词（一句话必须要连贯）中，然后双击即可。

（3）选定一行

将鼠标移到某行的左侧，这时鼠标指针变成向右上方指的形状，此时单击鼠标，就会选定一整行。

（4）选定整段文本

将光标放在段落中的任意位置，然后在该段落上连续三击鼠标左键，这样整个段落即可被全部选中。

（5）全选文本

要将文档中所有的文本都选定，可按"Ctrl＋A"组合键。

工序 4：设置"摘要"关键字

"摘要"的 5 个关键字设置为：宋体、小四、字体颜色为白色、背景 1、深色 50％、下划线线型为"字下加线"。

1. 选定"关键字"文本。

2. 在选中的文字上右击，在弹出的快捷菜单中选择"字体"命令，打开"字体"对话框，如图 2-10 所示。在"字体"选项卡的"中文字体"中选择"宋体"，"字号"中选择"小四"，"字体颜色"中选择"白色、背景 1、深色 50％"，"下划线线型"中选择"字下加线"。

图 2-10　"字体"对话框

3. 单击"确定"按钮,效果如图 2-1 中的预览所示。

> **说明:**
>
> 　　格式刷是一个复制格式的工具,用于复制选定对象的格式,这里的对象主要是文本和段落标记。具体使用方法是:
>
> 　　(1) 选定一段带有格式的文本。
>
> 　　(2) 单击"常用"工具栏中的"格式刷"按钮,在需要设置格式的文本上拖动,即可将格式复制到新拖动过的文本上。
>
> 　　(3) 若要将选定格式复制到多个位置,则双击"格式刷"按钮,复制格式结束后单击格式刷按钮即可关闭格式复制功能。

工序 5:设置段落格式

将"摘要"标题对齐方式设置为"居中",正文及关键字均设置为:左端对齐、左右缩进为 0 字符、首行缩进 2 字符、段前段后都为 0.5 行、行距为 1.5 倍。

1. 选定标题所在段落:将插入点置于"摘要"的标题段落中,即选定该段落。

2. 设置对齐方式:在"开始"选项卡中单击"段落"对话框启动器,如图 2-11 所示。在弹出的"段落"对话框中选择"对齐方式"为"居中",如图 2-12 所示。

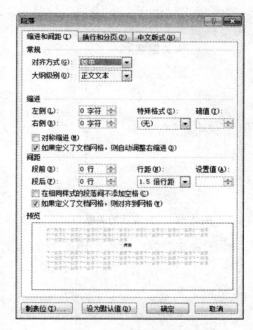

图 2-11　单击"段落"对话框启动器　　　　图 2-12　"段落"对话框

3. 选定"摘要"的正文及关键字。

4. 设置段落格式:在"开始"选项卡中单击"段落"对话框启动器,打开"段落"对话框,在"缩进和间距"选项卡中选择"常规"中的"对齐方式"为"左对齐","缩进"中的"左侧"和"右侧"均设置为"0 字符","特殊格式"选择"首行缩进","度量值"为"2 字符","间距"中的"段前"、"段后"都设置为"0.5 行","行距"设置为"1.5 倍行距"。

工序6：添加项目符号和编号

为5个关键字设置编号。

1. 将前面输入的5个关键字分为5段（删除标点符号），效果如图2-13所示。

2. 选取该5个段落。

3. 在"段落"组中单击"三 ▾项目编号"下拉按钮，打开"项目编号"窗口，如图2-14所示，选择"编号库"中相应的编号。

图2-13 分段后的关键字

图2-14 "项目编号"窗口

4. 单击"确定"按钮，效果如图2-15所示。

1) 企业网站
2) ASP
3) SQL
4) Server2005
5) Dreamweaver cs5
6) 互动交流

图2-15 添加编号后的效果

☜说明：

(1) 在使用 Word 2010 编辑文档的过程中，除了可以使用 Word 2010 本身包含的编号以外，我们还可以自己设置一些自定义的编号格式。

(2) 打开 Word 2010 文档页面，在"段落"中单击"编号"下三角按钮。接着在列表中选择"定义新编号格式"选项，如图 2-16 所示。在"定义新编号格式"对话框中单击"编号样式"下三角按钮，如图 2-17 所示。在列表中选择我们需要的编号样式，单击"字体"按钮。接下来，在"字体"对话框中可以设置字体、大小、颜色编号格式，完成后单击"确定"按钮，如图 2-18 所示。回到"定义新编号格式"对话框后，需要注意，"编号格式"中的编号代码不能改变，能做的仅仅是在这个代码前后输入自己的内容。回到文档页面，在"段落"中单击"编号"的下三角按钮后，就可以在列表中选择刚才自定义的编号格式了。

图 2-16　自定义项目编号

图 2-17　"定义新编号格式"对话框

图 2-18　"字体"对话框

工序 7：文本的查找替换

将"摘要"中的"有限公司"替换成"公司"。

输入或编辑完文档以后，常常需要查看或修改某指定的文本及其他元素，可使用"查找"和"替换"命令完成相应的操作。

1. 将光标置于"摘要"页面中的任一位置。

2. 在"开始"选项卡中的"编辑"组中单击"替换"按钮，弹出"查找和替换"对话框，如图2－19 所示。

3. 在"替换"选项卡的"查找内容"中输入"有限公司"，在"替换为"中输入"公司"。

4. 单击"全部替换"，即替换相应内容。

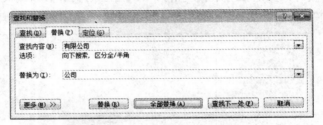

图 2－19 "查找和替换"对话框

✍说明：

　　输入要查找的内容，可以是数字、字符、格式、特殊字符等，并可选择是否区分大小写、全角/半角等。如需要进行查找设置，可单击"查找与替换"对话框中"更多"按钮，如图 2－20 所示：

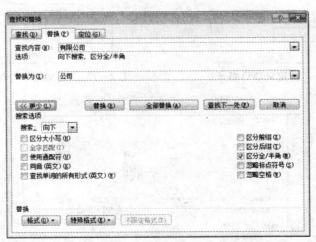

图 2－20 "查找和替换"对话框

　　其中：(1)"搜索"下拉列表框：用来选择文档的搜索范围。选择"全部"选项，将在整个文本中进行搜索；选择"向下"选项，可从插入点处向下进行搜索；选择"向上"选项，可从插入点处向上进行搜索。

　　(2)"区分大小写"复选框：选中该复选框，可在搜索时区分大小写。

（3）"全字匹配"复选框：选中该复选框，可在文档中搜索符合条件的完整单词，而不搜索长单词中的一部分。

（4）"使用通配符"复选框：选中该复选框，可搜索输入"查找内容"文本框中的通配符、特殊字符或特殊搜索操作符。

（5）"同音（英文）"复选框：选中该复选框，可搜索与"查找内容"文本框中文字发音相同但拼写不同的英文单词。

（6）"查找单词的所有形式（英文）"复选框：选中该复选框，可将"查找内容"文本框中的英文单词的所有形式替换为"替换为"文本框中指定单词的相应形式。

（7）"区分全/半角"复选框：选中该复选框，可在查找时区分全角与半角。

（8）"格式"按钮：单击该按钮，将在弹出的下一级子菜单中设置查找文本的格式，例如字体、段落及制表位等。

（9）"特殊字符"按钮：单击该按钮，在弹出的下一级子菜单中可选择要查找的特殊字符，如段落标记、省略号及制表符等。

（10）"不限定格式"按钮：若设置了查找文本的格式，单击该按钮可取消查找文本的格式设置。

工序 8：论文其余内容的设置

对"毕业论文"的正文、结束语、参考文献、致谢部分的字符格式和段落格式进行设置，具体要求如下：一级标题黑体、加粗、四号、居中；二级标题黑体、加粗、小四、左对齐；三级标题宋体、小四、左对齐；内容文本宋体、小四、两端对齐、首行缩进 2 个字符、段前段后 0.5 行、1.5 倍行距。操作步骤略，电子文档效果见文件"2-3.docx"。

工序 9：关闭文档

1. 单击"快速访问工具栏"中的"保存"按钮。

2. 在对文档处理完成后，选中文档窗口中的"文件"选项卡，单击"关闭"图标按钮，或直接单击 Word 标题栏右上角的"关闭"按钮。

知识链接

1. Word 文档的创建、打开及保存

（1）创建新文档

在 Word 2010 中编辑的文件一般称之为文档。当启动 Word 2010 后，系统会自动创建一个空白文档，默认的文件名为"文档 1—Microsoft Word"。在 Word 2010 中，新建文档常用的方法有以下几种：

● 选中"文件"选项卡，在文件选项卡中单击"新建"按钮，右侧弹出如图 2-21 所示的面板。选择模板后单击右侧的"创建"图标按钮，建立一个新的文档。

● 按下"Ctrl＋N"组合键。

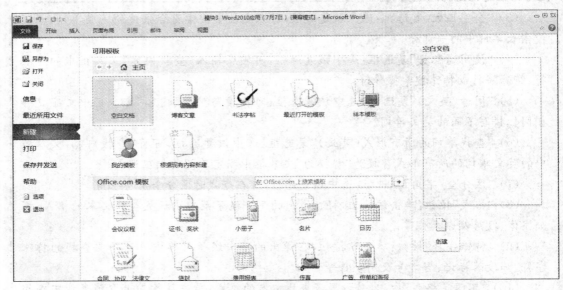

图 2-21 "新建文档"对话框

(2) 打开 Word 文档

当要对以前的文档进行排版或修改时,需要打开此文档才能工作。要打开一个近日内使用过的文档,可单击"开始"按钮,选择"文档"项,在"文档"子菜单中找到要打开的文档,单击即可启动 Word 2010 并打开此文档。也可以在 Word 2010 中打开已有的文档,其常用方法有以下两种:

● 选中"文件"选项卡,在文件选项卡中单击"打开"按钮,弹出"打开"对话框,指定要打开的文档所在的位置,双击指定的文档图标;

● 单击"快速访问工具栏"中的"打开"按钮,弹出"打开"对话框,打开指定的文档。

(3) 保存文档

第一种保存文档的方法为通过文件菜单保存。这种方法比较适用于新建的、没有经过保存的文档,具体方法如下:

① 完成文档编辑工作后,切换到"文件"选项卡,在"文件"选项卡中单击"保存"按钮。

② 如果当前文档是新文档,将弹出"另存为"对话框。首先选择文档要保存的位置;接下来在"保存类型"下拉列表框中选择文档要被保存的类型,默认的文件类型为. docx;然后在"文件名"文本框中输入文档的名称;最后单击"保存"按钮。

> ✎说明:
>
> 还可以通过以下两种方法来打开"另存为"对话框:
> ● 直接在标题栏中单击"保存"按钮。
> ● 按下 Ctrl+S 组合键。

第二种保存文档的方法为通过"快速访问工具栏"保存。这种方法比较适用于已经保存过的文件,在编辑过程中不定时地进行快捷保存,具体方法如下:

单击"快速访问工具栏"中的"保存"按钮,直接在原来位置保存。

✍说明：

如果当前文档是新文档，将弹出"另存为"对话框，如图 2-22 所示。接下来的操作按照第一种方法的步骤②进行。

第三种保存文档的方法为另存 Word 文档。

如果想把当前已保存的文档以其他的文件名保存，或要保存在其他位置，可以在"文件"选项卡中单击"另存为"按钮，如图 2-23 所示。在弹出的"另存为"对话框中，选择文档要保存的位置、类型，输入文件名，单击"保存"按钮即可。

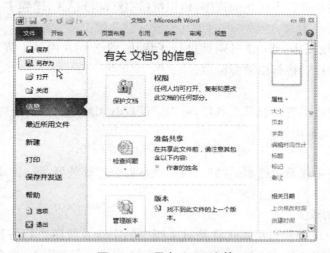

图 2-22　另存 Word 文档

图 2-23　"另存为"对话框

2．Word 文档的视图模式

Word 2010 提供了多种在屏幕上显示 Word 文档的方式，每一种显示方式都称为一种视图。Word 2010 提供了五种视图，具体介绍如下。

（1）页面视图

在"视图"选项卡的"显示"组中选中"导航窗格"复选框，就可在普通视图的左侧出现一个显示有文档结构的窗格，在该窗格中单击某个标题就可在右侧窗格中显示相应的内容。"页面视图"加"导航窗格"特别适合编写较长的文档。

（2）阅读版式视图

阅读版式视图是进行了优化的视图，模拟纸质书籍阅读模式，增强了文档的可读性。

（3）Web 版式视图

在 Web 版式视图中，Word 对网页进行了优化，可看到在网站上发布时网页的外观。正文显示得更大且自动换行以适应窗口。

（4）大纲视图

在大纲视图中将出现"大纲"工具栏，可以方便查看和修改文档的结构，可以折叠或展开文档、上移或下移文本块等。

（5）草稿

在草稿视图下不能显示绘制的图形、页眉、页脚、分栏等效果，所以一般利用普通视图进行最基本的文字处理，工作速度较快。

3．文档格式的设置

对 Word 2010 文档进行格式化就是对文档中的字符及段落进行各种修饰。其中字符格式包括字符的字体、字形、字号、文字颜色、字符间距及文字效果等，段落格式包括段落对齐、段落缩进及段落间距等。

（1）设置字符格式

字体是指文字的外观，Word 2010 提供了多种可用的字体，默认的字体为"宋体"。

字形是指文档中文字的格式，包括文本的常规、倾斜、加粗及加粗倾斜显示。常常通过设置字形和颜色来突出重点，使文档看起来更生动、醒目。

字号是指文字的大小，设置字号通常用于突出文档某些重要内容或统一文档格式。

字符间距是指文档中字与字的距离。在通常情况下，文本以标准间距显示，这适用于绝大多数文本。但有时为了创建一些特殊的文本效果，需要扩大或缩小字符间距。

（2）设置段落格式

① 段落对齐

段落对齐是指文档边缘的对齐方式，包括两端对齐、居中对齐、左对齐、右对齐和分散对齐。可通过单击"格式"工具栏上的相应按钮来设置段落对齐方式，也可通过"段落"对话框来设置。

- 两端对齐：默认设置，文本左右两端均对齐，但如果段落最后不满一行，那么文字右边是不对齐的。
- 左对齐：文本左边对齐，右边参差不齐。
- 右对齐：文本右边对齐，左边参差不齐。
- 居中对齐：文本居中排列。

● 分散对齐：文本左右两边均对齐，而且当每个段落的最后一行不满一行时，将拉开字符间距使该行文本均匀分布。

② 段落缩进

段落缩进是指段落中的文本与页边距之间的距离。Word 2010 中共有 4 种格式：左缩进、右缩进、首行缩进和悬挂缩进。通常情况下，可通过水平标尺快速设置段落的缩进方式和缩进量，但不够精确。而通过菜单中"格式"→"段落"命令，可打开"段落"对话框，在该对话框中可更精确地进行相关选项的设置。

● 左缩进：光标所在段落所有行左侧均向右缩进一定的距离。

● 右缩进：光标所在段落所有行右侧均向左缩进一定的距离。

● 首行缩进：光标所在段落的第一行字符向右缩进一定的距离。

● 悬挂缩进：光标所在段落除第一行外，其余各行均向右缩进一定的位置。

③ 段落间距

段落间距是指段落与段落之间的距离。段落间距的设置包括文档行间距和段间距的设置。行间距决定段落中各行文本之间的垂直距离，其默认值为单倍行距，用户可以根据需要重新设置。段落间距决定段落前后空白距离的大小，同样可以根据需要重新设置。

4. 项目符号和编号的添加

Word 2010 提供了自动添加项目符号和编辑的功能。在以"1."、"(1)"、"a"等字符开始的段落中按下"Enter"键，下一段起始处将会自动出现"2."、"(2)"、"b"等字符。

另外，用户也可以在输入文本之后，选中要添加项目符号的段落，在"格式"工具栏上单击"项目符号"按钮 ，将自动在每一段落前添加项目符号；单击"编号"按钮 ，将以"1."、"2."、"3."的形式编号。Word 2010 还提供了其他 6 种标准的项目符号和编号，并且允许自定义项目符号样式和编号。

5. 文本的查找与替换

Word 2010 提供的查找和替换功能可以快速地在较长的文档中查找文字、词语和句子，并且可以使用替换功能一次性对文本中重复出现的错别字进行纠正，从而减少工作强度和时间。查找或替换的内容除普通文字外，还可以查找和替换特殊字符，如段落标记、制表符、标注、分页符等，也可以利用通配符进行模糊查找。查找或替换过程中如果所要查找替换的内容或被替换的内容有字符格式和段落格式的要求，则可以在"查找和替换"对话框中进行相应的格式设置后再进行查找或替换。

任务 2　文档美化

任务描述

钱彬在对毕业论文进行创建与编辑后，为了使论文页面更加丰富、美观、可读性更强，需要对论文进行美化工作。Word 文档的美化包括为文字和段落添加边框和底纹、插入图片、设置艺术字等内容。钱彬根据毕业论文的特点，增加了各类美化操作。页面效果如图 2-24 所示。最终电子文档效果见文件 2-2. docx。

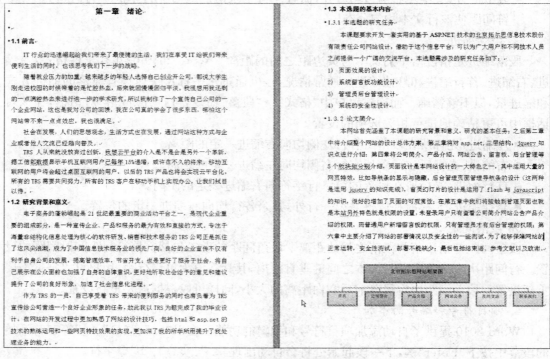

图 2-24　文档美化的页面效果图

任务实施

选中"文件"选项卡,在文件选项卡中单击"打开"按钮,弹出"打开"对话框,打开"毕业论文.docx",进行操作。

工序 1:添加边框
为毕业论文的参考文献正文部分添加边框。

1.选取论文的参考文献正文部分。

2.在"开始"选项卡中"段落"组中单击"边框和底纹"按钮,弹出"边框和底纹"对话框,如图 2-25 所示,选择"边框"选项卡。

3.在"设置"区域选择"方框",在"线型"中选择"第五种线型",在"颜色"中选择"黑色",在"宽度"中选择"0.5 磅"。

4.单击"确定"按钮,效果如图2-26 所示。

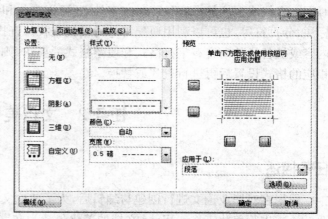

图 2-25　"边框和底纹"对话框(边框选项卡)

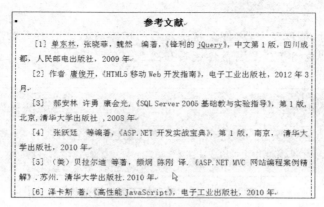

图 2-26　添加边框后的效果

工序 2:添加边框底纹

为论文致谢部分第一段文字设置底纹。

1. 选取论文的"致谢"部分的第一段文字。

2. 在"开始"选项卡中"段落"组中单击"边框和底纹"按钮,弹出"边框和底纹"对话框,选择"边框"选项卡。

3. 在"设置"中选择"方框",在"线型"中选择"第三种线型",在"颜色"中选择"黑色",在"宽度"中选择"0.5 磅",在"应用于"中选择"文字"。

4. 选择"底纹"选项卡,如图 2-27 所示。

5. 在"填充"中选择"深色 35%",在"应用于"中选择"文字"。

6. 单击"确定",效果如图 2-28 所示。

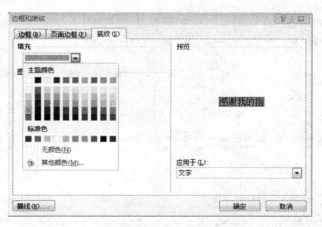

图 2-27　"边框和底纹"对话框(底纹选项卡)

图 2-28　选定文字添加边框和底纹的效果

☞**注意:**

　　若选取文本时,选取了整段(即包括了最后的回车符),这时打开的"边框和底纹的对话框"中默认的是"应用于段落",最终效果如图2-29所示。

> 感谢我的指导老师高娟老师对我的毕设指导,这次毕设完成的很顺利离不开老师的关心与厚爱,正所谓师傅领进门,修行看个人,这次我深有体会。老师起的是领路人的作用,而高老师的严谨作风也指引着我更好的完成了这次毕设。

图2-29　选定整段的不同设置效果

✎**说明:**

　　在页面中添加边框和底纹与在段落中添加边框和底纹的效果相似,只需在"边框和底纹"对话框中,打开"页面边框"选项卡,在该选项卡中进行边框相应设置;打开"底纹"选项卡,在该选项卡中进行底纹的相应设置。

　　工序3:插入图片

　　为论文正文第一章的最后一段的最后部分插入图片"网站框架图.png"。

　　1. 将光标放在需要插入图片的位置。

　　2. 单击"插入"选项卡中的"图片"按钮,弹出"插入图片"对话框,如图2-30所示。

　　3. 在对话框中找到要插入图片文件的路径和文件名"网站框架图.png"(图片见课件),单击"插入"按钮。

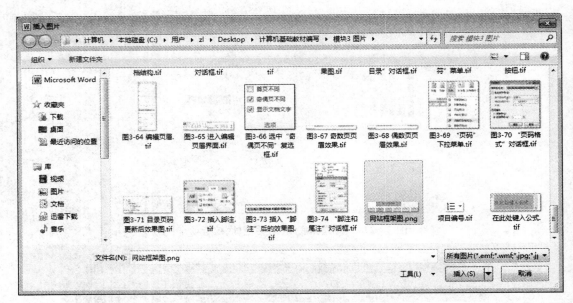

图2-30　"插入图片"对话框

　　4. 设置该图片大小为50%,文字环绕方式为"浮于文字上方",水平居中对齐,操作步骤如下：

（1）选中图片"网站框架图. png"，Word 2010 会在功能区中自动显示"图片工具"—"格式"选项卡，可对图片进行各种调整和编辑，如图 2 - 31 所示。

图 2 - 31　"图片工具"—"格式"选项卡

（2）单击"大小"组中的下拉菜单，打开"布局"对话框，如图 2 - 32 所示。

图 2 - 32　"设置图片格式"对话框

（3）在"大小"选项卡中调整缩放高度为 50％，保持"锁定纵横比"复选框为选中状态。在"文字环绕"选项卡中选择"位置"选项，确定"环绕方式"为"浮于文字上方"，如图 2 - 33 所示。

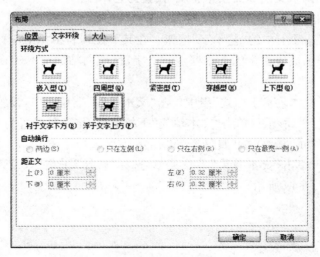

图 2 - 33　选择"文字环绕"选项卡

(4) 选择"位置"选项卡,设置水平对方方式为"居中",如图 2－34 所示,单击"确定"按钮。

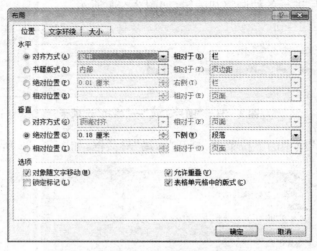

图 2－34　设置水平居中对齐方式

> ✍说明:
>
> "图片工具"—"格式"选项卡上各组工具的功能说明如下:
> ● "调整"组:用于调整图片,包括更改图片的亮度、对比度、色彩模式,以及压缩、更改或重设图片。
> ● "图片样式"组:主要用于更改图片的外观样式。
> ● "排列"组:用于设置图片的位置、层次、对齐方式,以及组合和旋转图片。
> ● "大小"组:主要用于指定图片大小或裁剪图片。

工序 4:设置艺术字

将论文封面的"南京交通职业技术学院"设置为艺术字。

1. 剪切文本"南京交通职业技术学院"。

2. 单击"插入"选项卡中的"艺术字"按钮。在其下拉列表中择第三行第二列的艺术字,如图 2－35 所示,弹出放置文字的文本框,在"文字"区域内粘贴文本(Ctrl＋V),如图 2－36所示。

3. 选中艺术字,在"艺术字样式"组中单击"文本轮廓"下拉菜单,设置轮廓线颜色为"深蓝,文字 2",如图 2－37 所示。单击"文本填充"下拉菜单,将颜色设置为"深蓝,文字 2,淡色60％",如图 2－38 所示,最终效果如图 2－39 所示。

4. 选中艺术字,单击"文本效果"下拉菜单,选择"转换"子菜单,设置文本效果为"上弯弧",最终效果如图 2－40 所示。

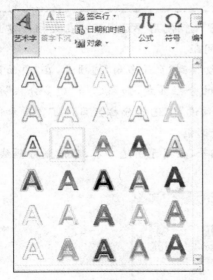

图 2-35　"艺术字"菜单

图 2-36　"编辑艺术字文字"文本框

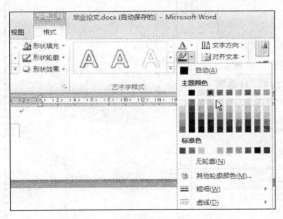

图 2-37　设置"文本轮廓"颜色

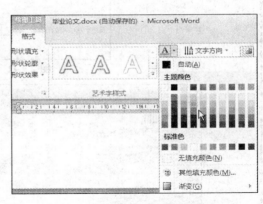

图 2-38　设置"文本填充"颜色

南京交通职业技术学院

图 2-39　添加艺术字的效果

南京交通职业技术学院

图 2-40　添加上弯弧的最终效果

☞注意：
　　在"插入艺术"字操作的第一步剪切文字时，不能将文字后的"段落结束符"一起剪切。

✍说明：
　　（1）分栏
　　分栏是文档排版中常用的一种版式，在各种报纸和杂志中广泛运用。它使页面在水平方向上分为几个栏，文本是逐栏排列的，填满一栏后才转到下一栏。文档内容分列于不同的栏中,这种分栏方法使页面排版灵活,阅读方便。使用 Word 可以在文档中建立不同版式的分栏,并可以随意更改各栏的栏宽及栏间距。

若要设置分栏,在文档中选中要分栏的文本。切换到"页面布局"选项卡,在"页面设置"组中单击"分栏"按钮。在下拉菜单中选择预置的分栏样式,如果选择"更多分栏"命令,则会弹出"分栏"对话框,如图 2-41 所示。在"预设"中选择分栏数目,在"宽度和间距"中选择栏宽和栏间距,根据需要选定"分隔线"复选框。

对选中的文字进行如下设置:分为两栏,栏宽相等,应用于所选文本,不设置分隔线,单击"确定"按钮,其效果如图 2-42 所示。

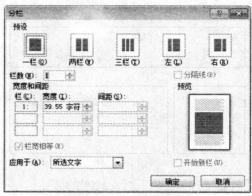

图 2-41 "分栏"对话框

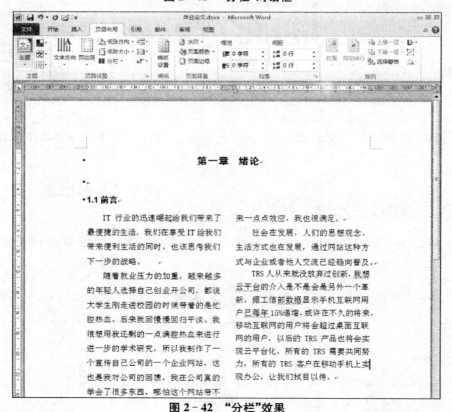

图 2-42 "分栏"效果

（2）首字下沉

在报刊文章中,经常看到某一个段落的第一个字显示为大字且向下延伸几行,这个效果就是使用"首字下沉"的方法来实现,其目的就是希望引起读者的注意,并从该字开始阅读。

若要设置首字下沉,首先将光标定位在要设定成"首字下沉"的段落中,切换至"插入"选项,点击"文本"组中的"首字下沉"按钮。在其下拉菜单中有三种预设的方案,可以根据需要选择使用;如果要进行详细的设置,可以选择"下沉"命令,如图2-43所示。在弹出的"首字下沉"对话框中进行设置,如图2-44所示。

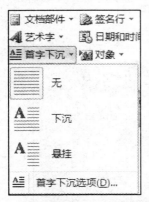

图2-43　选择"首字下沉选项"命令

图2-44　"首字下沉"对话框

在"位置"中设置"下沉"或"悬挂",在"选项"中设置相应的字体、下沉行数及距正文的距离。若要删除已有的下沉或悬挂,操作方法与设置下沉、悬挂方法相同,只要在"首字下沉对话框"的"位置"选项中选择"无"即可。

（3）编辑公式

利用Word 2010提供的公式编辑器可以在文档中输入数学公式。若要输入以下公式: $x = \sqrt{(a+b)^2}$,单击"插入"选项卡中的"公式"下拉菜单,选择"插入新公式"命令点击确定后出现"在此处键入公式。"文本框。此时文档中就插入了"公式编辑器"窗口,并进入"公式工具"—"设计"选项卡,如图2-45、图2-46所示。

图2-45　选择"插入新公式"

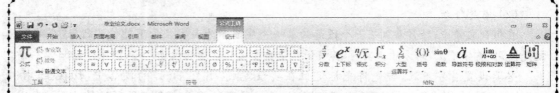

图 2‑46　进入"公式工具"—"设计"选项卡

在"在此处键入公式。"中输入"X＝"，然后在"公式工具"—"设计"选项卡中选择"根式"下拉菜单，单击"平方根公式"模板，如图 2‑47 所示。

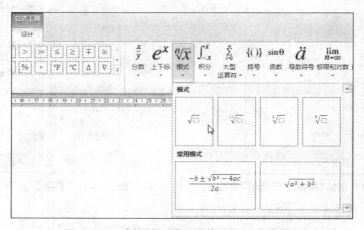

图 2‑47　选择"根式"下拉菜单"平方根"命令

光标进入"平方根"插槽中后，再单击"括号"下拉菜单中的"圆括号"模板，在模板的插槽中输入"a＋b"；用键盘上的向右光标键移动插入点，退出"圆括号"插槽，再单击"上下标"下拉菜单中的"上标"模板，输入"2"；公式就输入完成了。

知识链接

1. 边框和底纹的添加

使用 Word 编辑文档时，为了让文档更加引人，有时需要为文字和段落添加边框和底纹，以增加文档的生动性。在"边框和底纹"对话框的"边框"选项卡中，可以对文字或段落设置多种边框样式、多种不同的线条样式、不同的线条颜色及宽度、不同的边框应用的对象如文字或者段落。在"边框和底纹"对话框的"页面边框"选项卡中，可以对页面设置不同的样式。在"边框和底纹"对话框的"底纹"选项卡中，可以对文字或段落设置不同的填充颜色和图案。

2. 插入图片

在文档中插入图片，可以使文档更加美观、生动。在 Word 2010 中，不仅可以插入系统提供的图片，还可以从其他程序或位置导入图片，也可以从扫描仪或数码相机中直接获取图片。

（1）插入剪贴画

Word 2010 附带的剪贴画库内容非常丰富，适合于各种文档使用。要插入剪贴画，可以打开"剪贴画"任务窗格，在任务窗格的"搜索文字"文本框中输入剪贴画的相关主题或文件名称后，单击"搜索"按钮，即可查找电脑和网络上的剪贴画文件。

（2）插入来自文件的图片

Word 2010 还可以从文件中选择图片插入，不过插入文件中的图片必须在插入之前由用户将此图片保存到某文件夹中，之后再从文件夹中选择该图片。

（3）设置图片的环绕方式

所谓图片的"环绕方式"，就是文字内容在图片周围的排列方式。图片的"环绕方式"决定了文字内容排列在图片的上下左右位置，主要分为 7 种：嵌入型（默认方式）、四周型、紧密型、穿越型、上下型、衬于文字下方、浮于文字上方。

"嵌入式"图片将直接放置在文本的插入点处，与文字处于同一个层次。排版时，这类图片被当做一个很大的特殊字符对待，随着文字的移动而移动，因此，可以像对待文字那样对"嵌入式"图片进行各种排版操作。

"浮动式"图片（非嵌入式）则将图片插入到图形层，浮动在文字之外，不随文字的移动而移动，实现所谓的"图文混排"效果。

3. 艺术字

Word 2010 提供了艺术字功能，它是一种特殊的图形，以图形的方式把文档中需要特别突出的文本以艺术字的形式表示出来，从而使文章更生动、醒目。

在 Word 2010 中，单击选中艺术字，系统自动会弹出"绘图工具"—"格式"选项卡，使用该选项卡的相应命令，可以设置艺术字的样式、填充效果等属性，还可以对艺术字进行大小调整、旋转、添加阴影或三维效果等操作。

任务 3　文档排版

任务描述

钱彬的论文基本已经成形，根据学院对论文格式的要求，需要进行打印前论文的排版工作。钱彬利用 Word 2010 所提供的样式快速设置相应的格式，利用具有大纲级别的标题自动生成目录，插入了分节符、页眉页脚、页码、脚注尾注等，对页面设置进行了相应的设置，从而完成了对毕业论文的有效排版，页面效果如图 2-48 所示。最终电子文档效果见文件2-3.docx。

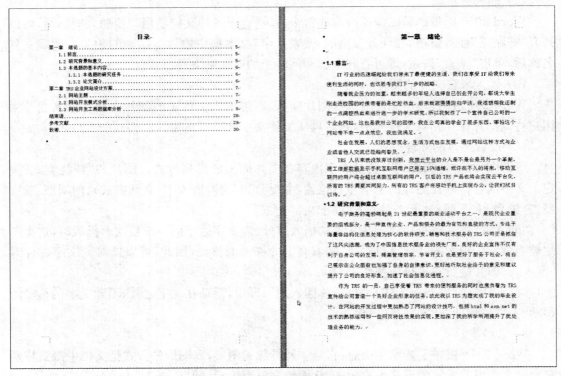

图 2－48 文档排版的页面效果图

任务实施

选中"文件"选项卡，在文件选项卡中单击"打开"按钮，弹出"打开"对话框，打开"毕业论文.docx"，进行操作。

工序 1：页面设置

设置页边距"上 2.8 厘米、下 2.8 厘米、左 3.1 厘米、右 3.1 厘米"，方向为"纵向"，纸张大小为"A4"。

1. 在"页面布局"选项卡中单击"页边距"按钮，在其下拉菜单中有 6 个页边距选项。选择"自定义边距"命令，弹出"页面设置"对话框，切换到"页边距"选项卡，在"页边距"选项组中的"上"、"下"、"左"、"右"文本框中分别输入数值"2.8 厘米"、"2.8 厘米"、"3.1 厘米"、"3.1 厘米"，设置方向为"纵向"，如图 2－49 所示。

2. 在"页面设置"对话框中选择"纸张"选项卡，设置"纸张大小"为"A4"，然后单击"确定"按钮，如图 2－50 所示。

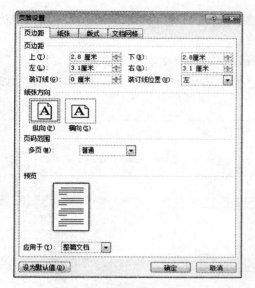

图 2-49　"页面设置"对话框　　　　图 2-50　设置"纸张大小"

工序 2：使用样式

应用内置样式，将一级标题（即第一章、第二章…）设置为"标题 1"、二级标题（即 1.1、1.2…）设置为"标题 2"、三级标题（即 1.1.1、1.1.2…）设置为"标题 3"。

1. 选择"开始"选项卡，单击"样式"组中的"其他"按钮，即可弹出默认样式列表，如图 2-51 所示。

图 2-51　默认样式列表

2. 将光标置于要应用样式的各级标题中，单击默认样式列表中"标题 1"等相应样式。

3. 上述操作只是应用了 Word 的内置样式，但这并不完全符合学院对毕业论文格式的要求，为此需要对内置样式进行修改，具体要求参见表 3-1 所示，具体操作如下：

表 3-1　修改内置样式要求

样式名称	字体格式	段落格式
标题 1	黑体，四号，加粗	居中对齐，段前、段后 0.5 行，1.5 倍行距
标题 2	黑体，小四，加粗	左对齐，段前、段后 12 磅，单倍行距
标题 3	宋体、小四	左对齐，段前、段后 0 行，1.5 倍行距

(1) 选择"开始"选项卡,单击"样式"组中的按钮,打开"样式"窗口,在窗口中单击"新建样式"按钮,如图2-52所示。

(2) 打开"根据格式设置创建新样式"对话框,在"名称"文本框中输入"论文样式1",在"样式基准"下拉列表选择"标题1",在"格式"组中选择字体为"黑体、四号、加粗",如图2-53所示。

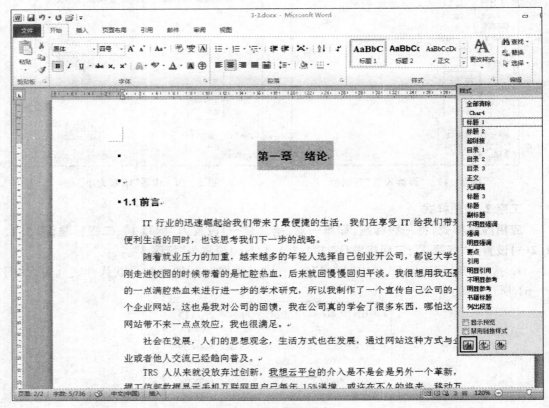

图2-52　新建样式

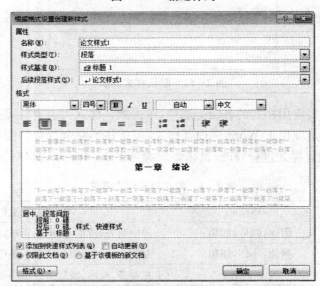

图2-53　"根据格式设置创建新样式"对话框

（3）单击"格式"按钮，在弹出的菜单中选择"段落"命令，在打开的"段落"对话框中设置段落格式为：段前、段后 0.5 行，1.5 倍行距，如图 2-54 所示。

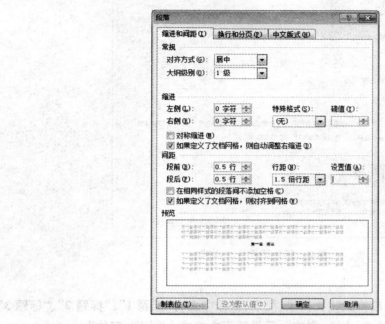

图 2-54　"段落"对话框

（4）按照表 3-1 的内容重复步骤（1）～（3），修改标题 2 和标题 3 的样式。

✍说明：

　　只要修改样式，就可以修改所有应用了该样式的文本对象，避免逐一对文本进行更改的重复工作。

4. 内置样式毕竟有限，根据"毕业论文格式"中的要求，需要为论文正文自定义样式。

新建一个名称为"论文正文"的样式，要求：宋体、小四、1.5 倍行距、首行缩进 2 字符、段前、段后 0 行。

（1）将光标置于正文文本任意位置。

（2）选择"开始"选项卡，单击"样式"组中的按钮，打开"样式"窗口，在窗口中单击"新建样式"按钮。打开"根据格式设置创建新样式"对话框，在"名称"文本框中输入"论文正文"，在"样式基准"下拉列表选择"正文"，在"格式"组中，选择字体为"宋体、小四"，如图 2-55 所示。在"段落"对话框中设置首行缩进 2 字符、段前、段后 0 行、1.5 倍行距。

（3）将光标置于论文正文中，单击"样式"列表中的"论文正文"样式，则光标所在段落应用了该样式。

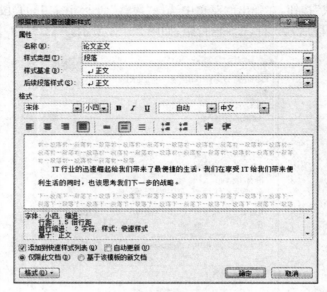

图 2－55　新建正文样式

工序 3：添加目录

利用三级标题样式生成毕业论文目录，要求：目录中含有"标题 1"、"标题 2"、"标题 3"。其中目录的标题格式为"居中、小二、黑体"、目录的正文格式为"小四、宋体"。

1. 将光标置于"摘要"部分最后，按回车键另起一行，在"开始"选项卡中的"字体"组中，单击"清除格式图标"按钮，清除光标所在处的所有格式。

2. 进入"插入"选项卡中，单击"分页"单选按钮。

3. 此时光标位于新的一页，输入文本"目录"并按回车键。

4. 切换到"视图"选项卡，在"显示"组中勾选"导航窗格"复选框，如图 2－56 所示。

图 2－56　"导航窗格"复选框

5. 打开"导航窗格"任务窗格，在窗格中可以查看文档的结构，如图 2－57 所示。

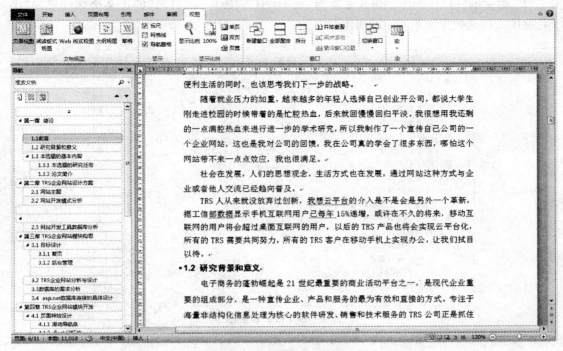

图 2-57　查看文档结构

6. 若文档的结构无误,将光标放置于新一页的"目录"下一行,切换到"引用"选项卡,单击"目录"组中的"目录"按钮,在弹出的菜单选择"插入目录"选项,打开"目录"对话框,如图2-58 所示在"显示级别"中选择"3",单击"确定"按钮,在文本"目录"之后便自动生成论文目录。

图 2-58　目录效果

7. 将文本"目录"的标题格式设置为"居中、小二、黑体"、"目录"的正文格式设置为"小四、宋体",目录效果如图 2-59 所示。

图 2-59　目录效果图

说明:

(1) 在自动生成目录后,如果文档内容被修改,例如内容被增减或对章节进行了调整,页码或标题就有可能发生变化,要使用目录中的相关内容也随着变化,只要在目录区中单击鼠标右键,在弹出的快捷菜单中选择"更新域"命令,打开"更新目录"对话框,如图 2-60 所示。如果只是文章中正文变化了,则选择"只更新页码"项,如果标题也有所改变,则选择"更新整个目录"项,单击"确定"按钮,就可以自动更新目录。

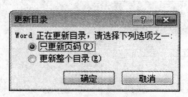

图 2-60　"更新目录"对话框

(2) 如果要对生成的目录格式做统一修改,则和普通文本的格式设置方法一样操作即可。如果要分别对目录中的标题 1、标题 2 和标题 3 进行不同的设置,则需要修改目录样式。

小技巧:

(1) 目录中包含有相应的标题及页码,只要将鼠标移到目录处,按住 Ctrl 键的同时单击某个标题,就可以定位到相应的位置。

(2) 如果要将整个目录复制到另一个文件中单独保存或者打印,必须要将其与原来的文本断开链接,否则在保存或打印时会出现页码错误。具体操作是:选取整个目录,按下 Ctrl＋Shift＋F9 键断开链接,取消文本下划线及颜色,即可正常进行保存和打印。

工序 4：插入分节符

在目录与正文之间插入"分节符"，将毕业论文分为两节，其中封面、摘要和目录作为一节，正文之后的内容作为一节。

1. 将光标放置在正文"第一章　绪论"文字的前面，选择"页面布局"选项卡，进入"分隔符"下拉菜单栏可以看到"分节符"子菜单，如图 2 - 61 所示。

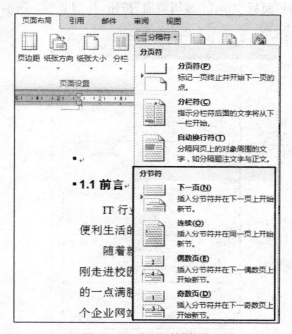

图 2 - 61　"分隔符"菜单

2. 在"分节符"子菜单中选择"下一页"，分节符随即出现在插入点之前，同时在 Word 状态栏中节号由原来的"1 节"变为了"2 节"。

> **✎说明：**
>
> （1）如果目录之后存在"分页符"的话，应将其删除，否则再插入一个"分节符"，就会多出一张空白页。
>
> （2）在"大纲视图"下，可以清楚地看到分页符和分节符在外观上的区别：分页符是单虚线，分节符为双虚线。
>
> （3）若要删除多余的分页符或分节符，则在"普通视图"下，选择分页符或分节符，然后按"Delete"键。

工序 5：插入页眉和页脚

为毕业论文的正文部分（即第二节）的奇偶页设置不同的页眉：奇数页的页眉设置为学院名称在左侧、论文题目在右侧，偶数页的页眉设置为论文题目在左侧、学院名称在右侧。

1. 将视图切换至"页面视图"下，光标置于论文正文所在的"节"中，即第二节的任一位置。

2. 切换到"插入"选项卡，单击"页眉和页脚"组的"页眉"按钮，如图 2 - 62 所示。

图 2-62　"页眉"按钮

3. 在打开的"页眉"面板中单击"编辑页眉"按钮,如图 2-63 所示,进入编辑状态,如图 2-64 所示。

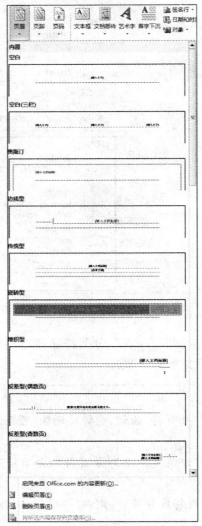

图 2-63　编辑页眉

图 2-64　进入编辑页眉界面

4. 单击“选项”组选中“奇偶页不同”复选框,如图 2-65 所示,然后单击“确定”按钮。

图 2-65　选中“奇偶页不同”复选框

5. 在“导航”组中单击“链接到前一条页眉”按钮。当该按钮弹起时,页面右上角“与上一节相同”的字样消失,断开了第 2 节的奇数页与第 1 节奇数页页眉的链接。

6. 在“开始”选项卡的“段落”组中单击“两端对齐”按钮,将光标置于页眉左端,输入“南京交通职业技术学院”文本。按两次 Tab 键,将光标移至页眉右端,输入论文题目“北京拓尔思信息技术股份有限公司网站设计”文本,效果如图 2-66 所示。

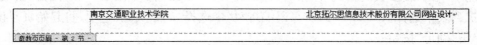

图 2-66　奇数页页眉效果

7. 以上操作只是完成了奇数页页眉的制作,而偶数页的页眉需要再制作一次。重复步骤 5～6,在偶数页上插入页眉,效果如图 2-67 所示。

图 2-67　偶数页页眉效果

8. 单击“页眉和页脚”工具栏中的“关闭”按钮。

> **小技巧:**
> （1）若要删除页眉页脚,则只需要在进入“页眉页脚”编辑状态后,选取要删除的内容后,按“Delete”键即可。
> （2）若要删除页眉中的横线,可将光标置于页眉处,在“开始”选项卡的“字体”组中单击“清除格式”命令即可。

工序 6：设置页码

仅在毕业论文的第二节设置页码,页码位置为“页面底端（页脚）”,对齐方式为“外侧”,格式为“1,2,3…”,起始页码为 1。

1. 切换到“插入”选项卡,单击“页眉和页脚”组的“页眉”按钮,在打开的“页眉”面板中单击“编辑页眉”按钮,进入编辑状态,

2. 在“导航”组中单击“转至页脚”按钮,将光标移至页脚处（页面的底部区域）。

3. 断开所有奇偶页中第 1 节和第 2 节之间的页脚链接,确保所有页脚右端的“与上一节相同”字样消失。

4. 将光标置于论文正文的任意位置,即“第 2 节”中。切换至“插入”选项卡,在“页眉和

页脚"组中点击"页码"命令,打开"页码"下拉菜单,如图2-68所示。

图2-68 "页码"下拉菜单

5. 在"页码"下拉菜单中选择"页面底端"为"普通数字1",在"对齐方式"下拉列表中选择"外侧",单击"设置页码格式"按钮,打开"页码格式"对话框,如图2-69所示。在"数字格式"下拉列表中选择"1,2,3…",在"页码编排"栏中选择"起始页码"选项,将起始页码设置为"1",单击"确定"按钮。

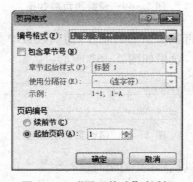

图2-69 "页码格式"对话框

> **说明:**
> 页码的起始页是从毕业论文的第二节即正文部分开始的,与实际纸张的页码是有出入的。为保持论文排版的实用性,即使得目录中的页码与新设置的页码相吻合,需要将目录页码进行更新。更新目录页码的具体操作见"工序3"中的"说明(1)",效果如图2-70所示。

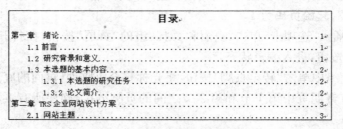

图2-70 目录页码更新后效果图

工序 7：添加脚注尾注

为论文正文第三段中的"TRS"插入脚注"北京拓尔思信息技术股份有限公司"。

1. 将光标置于文本"TRS"之后。

2. 进入"引用"选项卡，单击"插入脚注"图标，如图 2-71 所示。光标自动置于页面底部的脚注编辑位置。

图 2-71　插入脚注

3. 输入脚注内容"北京拓尔思信息技术股份有限公司"，单击文档编辑窗口任意处，退出脚注编辑状态，完成脚注插入，效果如图 2-72 所示。为毕业论文添加尾注，操作步骤同脚注。

4. 要对脚注和尾注默认设置进行修改，可以在"引用"选项卡"脚注"组中，单击下拉菜单图标，弹出"脚注和尾注"对话框，如图 2-73 所示，能分别设置"位置"、"格式"等参数。

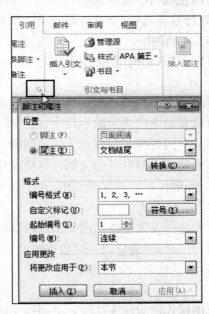

北京拓尔思信息技术股份有限公司

图 2-72　插入"脚注"后的效果图　　　　图 2-73　"脚注和尾注"对话框

小技巧：
　　如果要删除脚注或尾注，可选定文档中的脚注或尾注标记，直接按"Delete"键即可。

说明：
　　至此，经过任务 1、任务 2、任务 3 的精心制作，钱彬同学的毕业论文已顺利完成，毕业论文的总体效果见文件 3-3.docx。

知识链接

1. 页面设置

页面设置用于为当前文档设置页边距、纸张来源、纸张大小、页面方向和其他版式选项。页面设置是通过"页面设置"对话框来完成,它包含4张选项卡:

(1) 页边距

页边距就是页面上打印区域之外的空白空间。如果页边距设置得太窄,打印机将无法打印纸张边缘的文档内容,导致打印不全。所以在打印文档前应先设置文档的页面。页边距区域中可以放置页眉、页脚和页码等项目。在"页边距"选项卡中,可以修改上、下、左、右的边距值,更改打印纸张的方向,还可以根据需要设置其他选项等。

(2) 纸张

可以在"纸张"选项卡中选择自己打印机支持的纸张尺寸。如果没有合适的纸张可以选择,则可以在"纸张大小"下拉列表框中单击"自定义大小",然后在"宽度"和"高度"微调框中输入纸张尺寸。

(3) 版式

可以在"版式"选项卡中对页眉、页脚进行设置,设置文字在整个版面中的垂直对齐方式,设置行号等选项,并且可以把自己所做的设置应用于"整篇文档"或"插入点之后"。

(4) 文档网络

可以在"文档网络"选项卡中对文字的排列方向、网格、字符、每页的行数等进行设定。

2. 样式

样式就是一组已经命名的字符格式或段落格式,它的方便之处在于可以把它应用于一个段落或者段落中选定的字符中,按照样式的格式,能批量地完成段落或字符格式的设置。

样式有内置样式和自定义样式两种。内置样式是 Word 预先定义好的。用户可以方便地应用标准样式对自己的文档进行格式化。自定义样式是用户根据自己的排版需求而设置的样式,一般供自己的文档使用。

(1) 新建样式

首先选择设置过格式的文字或段落,选择"开始"选项卡,单击"样式"组中的"新建样式"按钮,打开"样式"窗口,打开"根据格式设置创建新样式"对话框,在"名称"文本框中输入新样式名,最后按 Enter 键即可。

(2) 应用样式

应用样式前应该先选择要应用样式的文字或段落。对段落应用样式时,应将插入点移到该段落的任意位置,或选择其中任意数量的文字;对文字应用样式时,应选择需要使用该样式的正文。

(3) 修改样式

可以修改已有的样式,但不能改变样式的类型。具体操作是:选择"开始"选项卡,单击"样式"组中的"管理样式"按钮,打开"管理样式"对话框,最后根据实际需要修改相应设置,原先所有应用该样式的对象自动进行相应修改。

(4) 删除样式

可以将不需要的样式删除,删除样式并不删除文档中的文字,只是去掉了样式应用在这些文字中的格式。

3. 目录

在 Word 2010 中,可以对一个编辑和排版完成的稿件自动生成目录。目录的作用是列出文档中各级标题及每个标题所在的页码,编制完成目录后,只需要单击目录中某个页码,就可以跳转到该标题所对应的页码。因此,目录可以帮助用户迅速查找文档中某部分的内容,同时有助于用户把握全文的结构。

4. 节

默认情况下,一个文档就是一节。如果要将文档分成多节,可以在需要分节的位置插入分节符,分节符是为表示"节"结束而插入的标记。利用分节符可以把文档划分为若干个"节",每个节为一个相对独立的部分,从而可以在不同的"节"中设置不同的页面格式,例如不同的页眉和页脚、不同的页边距、不同的背景图片等。由于不同节的格式可以截然不同,所以可以编排复杂的版面。

5. 页眉和页脚

页眉和页脚通常位于文档中每个页面页边距的顶部和底部区域,用于显示文档的附加信息,例如页码、时间和日期、作者名称、单位名称、公司徽标或章节名称等。

Word 2010 提供了强大的文档页眉页脚设置功能,使用该功能可以给文档的每一页建立相同的页眉和页脚,也可以交替更新页眉和页脚,即在奇数页和偶数页上建立不同的页眉和页脚。

6. 脚注尾注

在文档中,有时要为某些文本内容添加注解以说明该文本的含义和来源,这种注解和说明在 Word 中就称为脚注和尾注。脚注一般位于每一页文档的底端,可以用作对本页的内容的解释,适用于对文档中的难点进行说明;而尾注一般位于文档的末尾,常用来列出文章或书籍的参考文献等。

7. 拼音指南

我们在编辑文章的时候,有时候需要对文档中文字标注拼音,以方便阅读,在 Word 2010 中提供了强大的拼音指南功能,使用这个功能就可以快速地给文字标注读音。标注拼音步骤如下:

(1) 打开 Word 2010,然后在文档中选中要标注拼音的文字。进入"开始"选项卡,在字体组中,点击"拼音指南"按钮。

(2) 弹出"拼音指南"对话框,点击"确定"按钮,选中的文字就自动标注好了拼音。如图 2-74 所示。

(3) 在"拼音指南"对话框中我们可以通过设置"对齐方式"、"偏移量"、"字体"、"字号"等参数,来改变注释拼音的形式。

(4) 在"拼音指南"对话框中,单击"组合"按钮可以实现将单个汉字的拼音注释,转换成为对整个词组的拼音注释,如图 2-75 所示,点击"单字"可以取消组合。点击"清除读音"可以取消对文字的拼音注释。点击"默认读音"可以恢复拼音注释的最初形式。

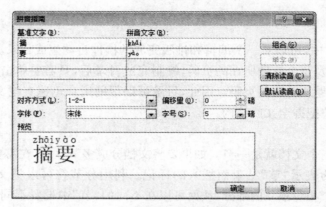

图 2-74 "拼音指南"对话框

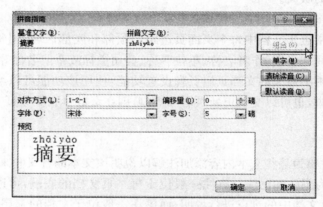

图 2-75 点击"组合"按钮

任务 4 表格制作

任务描述

论文撰写完成后,要经过指导教师、评阅组教师的审查、打分,只有两者的总成绩大于或等于 60 分才能进行答辩,现需要设计学生答辩通知单,以确定哪些学生可以参加答辩。页面效果如图 2-76 所示。

学生答辩通知单

班级	学号	姓名	成绩		是否允许答辩
			指导教师评分	评阅教师评分	
			总成绩:		

图 2-76 "学生答辩通知单"效果图

任务实施

工序 1：插入表格

在 Word 2010 中新建一文档，保存文件名为"学生答辩通知单.doc"。制作表格标题"学生答辩通知单"，要求：黑体，小二，居中；插入 5 行、2 列的表格，水平居中。

1. 在文档中先输入标题："学生答辩通知单"。

2. 切换至"开始"选项卡，在"字体"任务组中设置中文字体为"黑体"、字号为"小二"，单击"确定"按钮。在"段落"任务组中设置标题文字水平居中对齐。

3. 在标题行结束处按下"Enter"键，将光标置于新的一行。

4. 切换至"插入"选项卡，单击"表格"命令按钮，弹出"插入表格"任务组，如图 2-77 所示。

图 2-77　插入表格任务组

5. 单击"插入表格"选项，打开"插入表格"对话框，设置"列数"为 5、"行数"为 2，如图 2-78 所示，单击"确定"按钮。

6. 单击表格左上角标记，选中整个表格，点击"格式"工具栏中"居中"按钮，使其水平居中对齐，效果如图 2-79 所示。

图 2-78　"插入表格"对话框

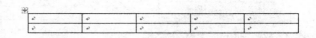

图 2-79　插入表格效果图

> ✍ **说明：**
> 采用上述方法可以创建简单和格式固定的表格，但有时需要创建一些复杂的或格式

不固定的表格,这时就需要用到 Word 2010 提供的绘制表格功能。具体操作是:

(1) 在"插入表格"任务组中单击"绘制表格"选项,鼠标指针变为一根铅笔的形状。将"铅笔"移至需插入表格的位置,按下鼠标左键并拖动鼠标,便可在窗口内画出一个表格框,当表格框大小合适后,放开鼠标左键,便可以在窗口中画出一空表框,再用"铅笔"在空表内画横线即可添加行,画竖线即可添加列,如图 2-80 所示。

图 2-80　表格内画横线效果图

图 2-81　表格设计选项卡

(2) 若想删除某一条线,切换"表格工具"中的"设计"选项卡中的"擦除"按钮,如图 2-81 所示,拖动橡皮擦经过要删除的线即可将其清除。还可以单击"设计"选项卡上的其他按钮完成对表格线型、颜色、底纹等的设置。

表格创建完毕后,单击其中的单元格,可以输入文字或插入图形,也可以在单元格内插入表格,实现表中表(即表格嵌套)。

工序 2:拆分合并单元格

参照图 2-76 所示的表格样例,将已插入表格的单元格进行拆分、合并,并输入相应文本。

1. 拆分单元格

选中要拆分的第二行第四列单元格,切换到"表格工具"中的"布局"选项卡,在"合并"任务组中单击"拆分单元格"命令按钮,打开"拆分单元格"对话框,如图 2-82 所示,设置"列数"为 2、"行数"为 3。效果如图 2-83 所示。

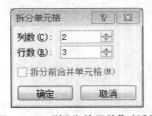

图 2-82　"拆分单元格"对话框

图 2-83　拆分后的表格

2. 合并单元格

选中新拆分的第三行单元格,切换到"表格工具"中的"布局"选项卡,在"合并"任务组中单击"合并单元格"命令按钮,将其合并为一个大单元格。在单元格中分别输入相应文本,效果如图 2-84 所示。

班级	学号	姓名	成绩		是否允许答辩
			指导教师评分	评阅教师评分	
			总成绩		

图 2 - 84　合并并输入文本后的表格

工序 3：表格的行高和列宽设置

参照图 2 - 76 所示的表格样例，将表格第 1～3 列列宽设置为 1.5 厘米，第 4～6 列列宽为 3 厘米，第 1 行行高为 0.8 厘米，第 2～4 行行高为 0.7 厘米。

1. 选中表格前 3 列，切换到"表格工具"中的"布局"选项卡，单击"表"任务组中的"属性"命令按钮，打开"表格属性"对话框。

2. 在"列"选项卡中，选中"指定宽度"复选框，在其后的数字框中输入 1.5 厘米，如图 2 - 85 所示，单击"确定"按钮。

图 2 - 85　"表格属性"对话框

3. 重复以上步骤 1～2 操作，设置第 4～6 列列宽为 3 厘米。

4. 选中第 1 行，在"表格属性"对话框的"行"选项卡中选中"指定高度"复选框，在其后的数字框中输入 0.8 厘米，单击"确定"按钮。

5. 以同样的方法设置第 2～4 行行高为 0.7 厘米，效果如图 2 - 86 所示。

班级	学号	姓名	成绩		是否允许答辩
			指导教师评分	评阅教师评分	
			总成绩		

图 2 - 86　设置行高、列宽后的效果图

工序 4：美化表格

设置表格外边框为"实线，宽度 1.5 磅"，内边框为"实线，宽度 0.5 磅"，标题行底纹为"灰色 - 20％"；设置首行文本格式为"宋体，小四，加粗，中部居中"，第二行文本格式为"宋体，小四，中部居中"，最后一行文本格式为"宋体，小四，中部两端对齐"。

1. 设置表格边框和底纹

(1) 单击表格左上角标记,选中整个表格,切换到"表格工具"中的"布局"选项卡,单击"表"任务组中的"属性"命令按钮,打开"表格属性"对话框。

(2) 选择"表格"选项卡,单击"边框和底纹"命令按钮,打开"边框和底纹"对话框。

(3) 在"边框"选项卡中"设置"区域选择"自定义","线型"列表框中选择"实线","宽度"下拉列表框中选择"1.5磅",然后在"预览"区域单击图示的周边外框,完成外边框的设置。

(4) 在"宽度"下拉列表框中选择"0.5磅",然后在"预览"区域单击图示的内部边框,完成内边框的设置,如图 2 - 87 所示,单击"确定"按钮。

图 2 - 87　表格内、外边框设置对话框

(5) 选中首行,切换至"底纹"选项卡,在"填充"区域选择"白色、背景 1、深色 15%",然后单击"确定"按钮,效果如图 2 - 88 所示。

班级	学号	姓名	成绩		是否允许答辩
			指导教师评分	评阅教师评分	
			总成绩		

图 2 - 88　边框和底纹设置效果

2. 设置文本格式

(1) 选中首行文本,切换到"开始"选项卡,单击"字体"任务组右下角箭头,打开"字体"对话框,设置字体为"宋体"、字形"加粗"、字号"小四",单击"确定"按钮。

(2) 首行处于选中状态,在其上方右击,弹出快捷菜单,单击"单元格对齐方式"子菜单中的"中部居中"按钮,如图 2 - 89 所示,此时首行文本处于中部居中。

(3) 重复以上步骤(1)～(2)操作,完成第 2 行和最后一行文本格式设置。

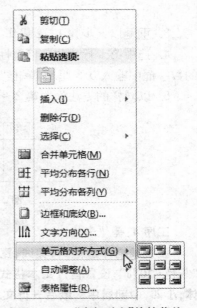

图 2 - 89　"中部对齐"快捷菜单

说明：

（1）增加行、列：将光标置于单元格内，切换到"表格工具"的"布局"选项卡，单击"行和列"任务组中的"在上方插入"、"在下方插入"、"在右侧插入"、"在左侧插入"命令按钮，如图 2-90 所示。

图 2-90　表格布局选项卡

（2）删除行、列：选取表格，切换到"表格工具"的"布局"选项卡，单击"行和列"任务组中的"删除"命令按钮，在弹出的任务列表中选择"删除单元格"、"删除行"、"删除列"、"删除表格"命令。

（3）表格属性对话框设置：在表格中选定需要设置属性的区域，切换到"表格工具"的"布局"选项卡，单击"表"任务组中"属性"命令按钮，打开"表格属性"对话框，如图 2-91 所示，其功能如下：

● 表格选项卡：主要用于设置表格的对齐方式和文字环绕方式。

● 行选项卡：主要用于设置行高。

● 列选项卡：主要用于设置列宽。

● 单元格选项卡：主要用于设置表格的尺寸。

图 2-91　"表格属性"对话框

（4）设置表格的多行或多列具有相同的高度或宽度：选定多行或多列，切换到"表格工具"的"布局"选项卡，单击"单元格大小"任务组中"分布行"或"分布列"命令按钮，即可实现行或列的平均分布。

知识链接

1. 创建表格

表格的基本单元称为单元格，它是由许多行和列的单元格组成的一个综合体。在 Word 2010 中可以使用多种方法来创建表格，例如按照指定的行、列插入表格和自由绘制不规则表格等。

● 在"表格"网格上选择所需的大小直接创建表格

使用"插入"选项卡上的"表格"按钮，可以直接在文档中插入表格。具体操作是：将光标置于需要插入表格的位置，然后切换到"插入"选项卡，单击"表格"按钮，将弹出网格框。在网格框中，拖动鼠标左键确定要创建表格的行数和列数，然后单击，即可完成一个规划表格的创建。

● 使用对话框创建表格

使用"插入表格"对话框来创建表格，可以在建立表格的同时设定列宽并自动套用格式。具体操作是：切换到"插入"选项卡，单击"表格"命令按钮，在弹出的任务列表中选择"插入表格"命令，打开"插入表格"对话框，在对话框的"行数"和"列数"文本框中可以输入表格的行数和列数；选中"固定列宽"单选按钮，可在其后的文本框中指定一个具体的值来表示创建表格的列宽。

● 自由绘制表格

在实际应用中，行与行之间以及列与列之间都是等距的表格很少，在多数情况下，还需要创建各种栏宽、行高都不等的不规则表格。在 Word 2010 中，通过"绘制表格"命令可以创建不规则的表格。

2. 编辑表格

（1）表格的选定操作

① 选定一个单元格：将鼠标指针移到某单元格左边边界，这时鼠标指针将变成一个右向箭头，单击鼠标左键可以选定该单元格。

② 选定一行：将鼠标指针移到某一行的左侧，这时鼠标指针将变成一个右向箭头，单击鼠标左键可以选定该行。

③ 选定一列：将鼠标指针移到某一列顶部的边框，这时鼠标指针将变成一个黑色的向下箭头，单击鼠标左键可以选定该列。

④ 选定多个连续的单元格、行或列：在要选定的单元格、行或列上拖动鼠标；或者先选定某一单元格、行或列，然后在按下"Shift"键的同时单击其他单元格、行或列，即可选定多个连续的单元格、行或列。

⑤ 选定多个非连续的单元格、行或列：先选定某一单元格、行或列，然后在按下"Ctrl"键的同时单击其他单元格、行或列。

⑥ 选定整个表格：将鼠标指针停留在表格上，直到表格的左上角出现"表格移动控点"，单击它可以选定整个表格。

（2）插入或删除行、列和单元格

在创建表格后，经常会遇到表格的行、列和单元格不够用或多余的情况。在 Word 2010 中，可以很方便地完成行、列和单元格的添加或删除操作，以使文档更加紧凑美观。

① 添加行、列：选择"表格工具"中"布局"选项卡，单击"行和列"任务组中的"在上方插入"、"在下方插入"、"在右侧插入"、"在左侧插入"命令按钮，即可插入行或列。

② 插入单元格：选择"布局"选项卡，单击"行和列"任务组右下角的箭头，打开"插入单元格"对话框，如图 2-92 所示，选择相应的选项，单击"确定"按钮。

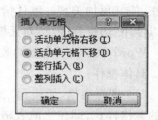

图 2-92 "插入单元格"对话框

③ 删除行、列和单元格：切换到"表格工具"的"布局"选项卡，单击"行和列"任务组中的"删除"命令按钮，在弹出的任务列表中选择"删除单元格"、"删除行"、"删除列"、"删除表格"命令，就可以删除表格中指定的行、列、单元格。

④ 合并单元格：选中需要合并的单元格，切换到"表格工具"中的"布局"选项卡，在"合并"任务组中单击"合并单元格"命令按钮，即可完成单元格合并。

⑤ 拆分单元格：选中需要拆分的单元格，切换到"表格工具"中的"布局"选项卡，在"合并"任务组中单击"拆分单元格"命令按钮，打开"拆分单元格"对话框，在打开的"拆分单元格"对话框中设置行数和列数即可。

⑥ 拆分表格：选择表格中的拆分点，切换到"表格工具"中的"布局"选项卡，在"合并"任务组中单击"拆分表格"命令按钮，表格即从光标所在位置拆分成两个表格。

（3）调整表格的行高和列宽

创建表格时，表格的行高和列宽都是默认值，而在实际工作中常常需要随时调整表格的行高和列宽。在 Word 2010 中，可以使用多种方法调整表格的行高和列宽。

● 自动调整：将光标定位在表格内，切换到"表格工具"中的"布局"选项卡，在"单元格大小"任务组中，单击"自动调整"命令，在弹出的任务组中选择相应的命令，可以十分便捷地调整表格的行高与列宽。

● 使用鼠标拖动进行调整：将光标定位在表格内，将鼠标指针移动到需要调整的边框线上，按下鼠标左键并拖动即可。

● 使用对话框进行调整：将光标定位在表格内，切换到"表格工具"的"布局"选项卡，单击"表"任务组中"属性"命令按钮，在打开的"表格属性"对话框中进行设置。

（4）表格行或列的复制和移动

创建表格后，在实际工作中常常会遇到表格行或列的位置需要调整。在 Word 2010 中，可以通过行或列的复制、剪切和粘贴完成相应的操作。

● 复制：选择整行或整列，切换到"开始"选项卡，单击"剪贴板"任务组中的"复制"命令按钮。

● 剪切：选择整行或整列，切换到"开始"选项卡，单击"剪贴板"任务组中的"剪切"命令按钮。

● 粘贴：移动鼠标至目标位置，单击"剪贴板"任务组中"粘贴"命令按钮下方的向下箭头，弹出"粘贴"选项。可选择"插入为新列"或"以新行的形式插入"完成行或列的插入，如图 2-93 所示。

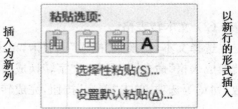

图 2-93 粘贴选项

3. 表格样式

在表格编辑后,通常还需要进行一定的修饰操作,使其更加美观。默认情况下,Word 会自动设置表格为 0.5 磅的单线边框。此外,还可以使用"边框和底纹"对话框,重新设置表格的边框和底纹来美化表格。

Word 中提供了大量的表格样式,不同风格的表格样式为在工作中美化表格带来了方便。具体操作:

(1) 选择表格,切换到"表格工具"下"设计"选项卡,在"表格样式"任务组窗口中选择所需的表格样式,即在当前表格中得到应用,如图 2-94 所示。

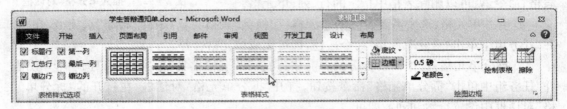

图 2-94 表格样式

(2) 在表格样式应用后,还可以在"表格样式选项"任务组中根据具体需要加以选择,优化表格外观设置。

4. 表格转换

Word 2010 中,表格和文本的转换与 Word 2003 有较大的不同,转换功能设置在不同的选项卡中。具体操作:

(1) 表格转文本

选择表格,切换到"表格工具"中的"设计"选项卡,在"数据"任务组中单击"转换为文本"命令按钮,打开"表格转换成文本"对话框,如图 2-95 所示。选择合适的文字分隔符,单击"确定"按钮,完成转换。

图 2-95 "表格转换成文本"对话框

(2) 文本转表格

选择文本,切换到"插入"选项卡,单击"表格"命令按钮,在弹出的任务列表上选择"文本转换成表格"命令,打开"将文字转换成表格"对话框,如图 2-96 所示。设置合适的行数、列数、列宽等选项,单击"确定"按钮,完成转换。

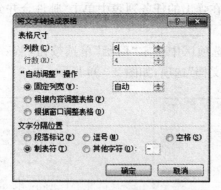

图 2-96　"将文字转换成表格"对话框

任务 5　邮件合并

任务描述

　　学生毕业之前的最后一环节就是进行论文答辩。根据学生毕业论文的总成绩,利用前面所制作的学生答辩通知单"学生毕业论文评阅成绩. doc"作为数据源,批量生成通知单,告知学生个体是否能够参加答辩。页面效果如图 2-97 所示。

学生答辩通知单

班级	学号	姓名	成绩		是否允许答辩
094031	01	王新	指导教师评分	评阅教师评分	允许
			35	30	
			总成绩: 65		

学生答辩通知单

班级	学号	姓名	成绩		是否允许答辩
094033	02	张强	指导教师评分	评阅教师评分	允许
			40	35	
			总成绩: 75		

学生答辩通知单

班级	学号	姓名	成绩		是否允许答辩
094031	03	王乐乐	指导教师评分	评阅教师评分	允许
			45	40	
			总成绩: 85		

图 2-97　"邮件合并"页面效果

任务实施

邮件和并向导:批量生成学生答辩通知单

1. 打开"学生答辩通知单. doc",切换到"邮件"选项卡,单击"开始邮件合并"任务组中

"开始邮件合并"命令按钮，在弹出的任务列表中单击"邮件合并分步向导"，打开"邮件合并"任务窗格，如图 2-98 所示。

2. 在"选择文档类型"选项区中选定"信函"单选按钮，然后单击"下一步：正在启动文档"超链接，出现"选择开始文档"选项，如图 2-99 所示。

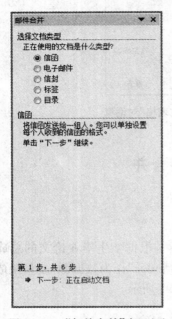

图 2-98 "邮件合并"窗口(1)

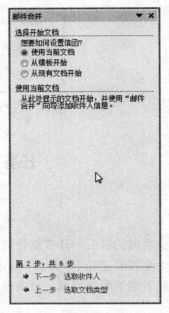

图 2-99 "邮件合并"窗口(2)

3. 选择"使用当前文档"单选按钮，单击"下一步：选取收件人"超链接，出现"选择收件人"选项，如图 2-100 所示。

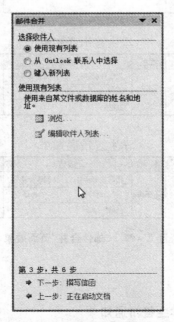

图 2-100 "邮件合并"窗口(3)

4. 选择"使用现有列表"单选按钮，单击"浏览"按钮，出现"选取数据源"对话框，选取"学生毕业论文评阅成绩.docx"（见课件），如图 2 - 101 所示。

图 2 - 101　"选取数据源"对话框

5. 单击"打开"按钮，出现"邮件合并收件人"对话框，单击"确定"按钮，收件人便确定下来，如图 2 - 102 所示。

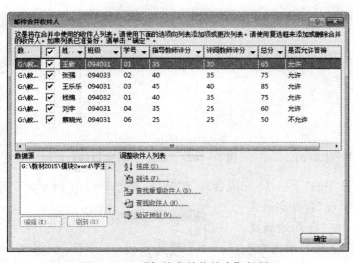

图 2 - 102　"邮件合并收件人"对话框

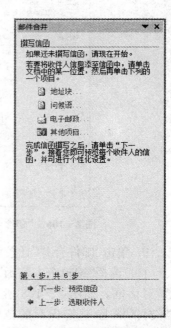

图 2 - 103　"邮件合并"窗口(4)

6. 回到"邮件合并"任务窗格。单击"下一步：撰写信函"超链接，如图 2 - 103 所示。
7. 将光标移至"学生答辩通知单"需要插入处，选择"其他项目"，出现"插入合并域"对话框,如图2-104所示。选定需要插入的域名,单击"插入"按钮,再单击"关闭"按钮后,效果如图2-105所示。

图2-104 "插入合并域"对话框

学生答辩通知单

班级	学号	姓名	成绩		是否允许答辩
《班级》	《学号》	《姓名》	指导教师评分	评阅教师评分	《是否允许答辩》
			《指导教师评分》	《评阅教师评分》	
			总成绩:《总分》		

图2-105 插入合并域后的效果图

8. 单击"邮件合并"任务窗格中的"下一步:预览信函"超链接,如图2-106所示。单击向左或向右按钮,预览每一张通知的内容是否完整。

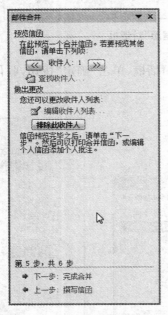

图2-106 "邮件合并"窗口(5)

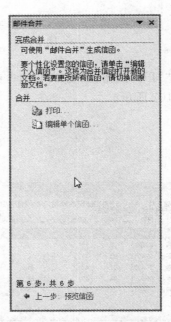

图2-107 "邮件合并"窗口(6)

9. 单击"邮件合并"任务窗格中的"下一步:完成合并"超链接,如图2-107所示。

10. 选择"编辑个人信函",出现"合并到新文档"对话框。如图2-108所示,在"合并到新文档"对话框上,选定保存的范围"全部",单击"确定"按钮,所需的答辩通知就全部制作完成。

11. 保存编辑好的文档,命名为"09届毕业生答辩通知单.doc"。

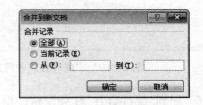

图2-108 "合并到新文档"对话框

说明：

（1）邮件合并既可以用上面所述的利用任务窗格中的邮件合并向导来完成，也可以用"邮件"选项卡中的"开始邮件合并"、"编写和插入域"、"预览结果"、"完成"任务组来完成，如图 2 - 109 所示，步骤同邮件合并向导。

图 2 - 109　邮件选项卡

（2）在上面的第二个步骤中，如果已选择过数据源，则打开的窗口中不会出现"浏览"链接，而是出现"选择另外的列表"链接和"编辑收件人列表"链接；若仍要使用曾选择过的列表，则单击"编辑收件人列表"链接；若重新选择数据源，则单击"选择另外的列表"链接。

知识链接

1．主文档

在 Word 2010 的邮件合并功能中，所包含的文本或者图形相对于合并文档的每个副本都是相同的文档。

2．数据源

数据源是一个文件，该文件包含了合并文档各个副本中不相同的数据，把数据源看作是表格，其中的每一列对应于一类信息或数据字段。完成合并后，收件人的信息被影射到主文档中包含的字段中。

3．邮件合并

"邮件合并"是在邮件文档（主文档）的固定内容（相当于模板）中，合并与发送信息相关的一组数据，这些数据可以来自如 Word 及 Excel 的表格、Access 数据表等的数据源，从而批量生成需要的邮件文档，大大提高工作效率。除了可以批量处理信函、信封等与邮件相关的文档外，"邮件合并"还可以轻松地批量制作标签、工资条、成绩单、准考证等。

邮件合并通常有六大步骤：

步骤 1：切换到"邮件"选项卡，单击"开始邮件合并"任务组中"开始邮件合并"命令按钮，在弹出的任务列表中单击"邮件合并分步向导"，打开"邮件合并"任务窗格。

选取文档类型包括信函、电子邮件、信封、标签、目录五种。

步骤 2：选取主文档。

主文档可设为：（1）当前文档；（2）模板；（3）现有文档。

步骤 3：选择收件人（包括：现有列表、OutLook 联系人、键入新列表）。

步骤 4：撰写信函。

添加收件者信息到信函中，共有以下五种方式：

（1）地址块（插入格式化地址）

（2）问候语（插入格式化问候语）

（3）问候语向导（问候语）

（4）电子邮政（插入电子邮政）

（5）其他项目（插入合并域，即数据源中的数据字段）

步骤5：预览信函。

步骤6：完成合并。

综合训练

1. 制作图文混排的散文文档

打开"文档.docx"，按下列要求设置、编排文档的版面如图2－110所示。

（1）页面设置：设置页边距为上、下各2厘米，左、右各3厘米。

（2）艺术字：标题"画鸟的猎人"设置为艺术字，艺术字式样为第2行第4列；字体为华文行楷、字号为44；形状为桥型；发光效果为红色、柔化边缘3磅，透明度50％；轮廓线为紫色实线，0.5磅；环绕方式为嵌入型。

（3）分栏：将正文第一段外，其余各段设置为两栏格式，栏间距为3个字符，加分隔线。

（4）边框和底纹：为正文最后一段设置底纹，图案样式10％；为最后一段添加双波浪形边框。

（5）图片：在样文所示位置插入 Windows 7 系统自带图片"郁金香.jpg"；图片缩放为20％；环绕方式为紧密型。

（6）脚注和尾注：为第2行"艾青"两个字插入尾注"艾青：(1910—1996)现、当代诗人，浙江金华人。"。

（7）页眉和页脚：按样文添加页眉文字，插入页码，并设置相应的格式。

2. 毕业将至，为了感谢在校期间各位老师的关心和帮助，毕业生朱娟特地制作了"答谢卡"，送给各位老师。采用 Word 2010 的邮件合并功能，利用下面给出的主文档和数据源完成相应的操作。

主文档：

老师：

　　感谢您在三年的学习生活中给了我知识和力量，在毕业来临之际，钱彬祝您万事大吉！生活幸福！

学生：朱娟
2015.6.1

数据源（表格）：

教师姓名
王平
张辉
高瑞雪
张新林
黄兴
李前林
王明

散文欣赏　　　　　　　　　　　　　　第1页

艾青

　　一个人想学打猎，找到一个打猎的人，拜他做老师。他向那打猎的人说："人必须有一枝之长，在许多职业里面，我所选中的是打猎，我很想持枪到树林里去，打到那我想打的鸟。"

　　于是打猎的人检查了那个徒弟的枪，枪是一支好枪，徒弟也是一个有决心的徒弟，就告诉他各种鸟的性格和有关瞄准与射击的一些知识，并且嘱咐他必须寻找各种鸟去练习。

　　那个人听了猎人的话，以为只要知道如何打猎就已经能打猎了，于是他持枪到树林。但当他一进入树林，走到那里，还没有举起枪，鸟就飞走了。

　　于是他又来找猎人，他说："鸟是机灵的，我没有看见它们，它们先看见我，等我一举起枪，鸟早已飞走了。"

　　猎人说："你是想打那不会飞的鸟吗？"

　　他说："说实在的，在我想打鸟的时候，要是鸟能不飞该多好呀！"

　　猎人说："你回去，找一张硬纸，在上面画一只鸟，把硬纸挂在树上，朝那鸟打——你一定会成功。"

　　那个人回家，照猎人所说的做了，试验着打了几枪，却没有一枪能打中。他只好再去找猎人。他说："我跟你说的做了，但我还是打不中画中的鸟。"猎人问他是什么原因，他说："可能是鸟画得太小，也可能是距离太远。"

　　那猎人沉思了一阵向他说："对你的决心，我很感动，你回去，把一张大一些的纸挂在树上，朝那纸打——这一次你一定会成

功。

　　那人很担忧地问："还是那个距离吗？"

　　猎人说："由你自己去决定。"

　　那人又问："那纸上还是画着鸟吗？"

　　猎人说："不。"

　　那人苦笑了，说："那不是打纸吗？"

　　猎人很严肃地告诉他说："我的意思是，你先朝着纸只管打，打完了，就在有孔的地方画上鸟，打了几个孔，就画几只鸟——这对你来说，是最有把握的了。"

　　艾青：(1910-1996) 现、当代诗人，浙江金华人

图 2-110　图文混排

模块 3　Excel 2010 应用

学生成绩是学校评价教师教学质量的重要指标之一,也是对每位学生所学课程掌握程度的综合反映。每学期期末结束,教师都要对自己所教授课程的学生成绩进行统计分析,这是一项非常重要也是十分烦琐的工作,如果能够利用 Excel 强大的数据处理功能,那么就可以让教师迅速高效地完成学生成绩的各项分析统计工作。本模块以学校某班级学生成绩表的制作为例,通过 5 个具体任务的实现,全面讲解 Office 2010 办公组件中数据处理软件 Excel 2010 的应用。通过本模块的学习,能使读者系统掌握 Excel 2010 的数据输入、格式化设置、公式和函数的使用、图表制作、数据统计与分析以及数据表输出等功能,使用户方便、快捷、直观地从原始的数据中获得更为丰富、准确的信息,从而满足日常办公所需。

学习目标

(1) 掌握 Excel 2010 工作簿的创建、打开、数据输入和保存;

(2) 掌握工作表的复制及数据的格式设置;

(3) 掌握 Excel 2010 中公式及函数的使用;

(4) 掌握 Excel 2010 中图表的创建与编辑;

(5) 掌握 Excel 2010 中数据排序、筛选、分类汇总、数据合并及数据透视表的操作;

(6) 掌握 Excel 2010 中页面设置及电子表格的打印。

任务 1　数据表制作

任务描述

学期结束,南京交院 104061 班各科考试成绩已经出来,班主任张老师需要把所有学生各科成绩用 Excel 2010 进行统计,以备下一学期初评选奖学金时使用。通过 Excel 制作电子表格"学生成绩表",并进行格式化后,页面效果如图 3-1 所示。

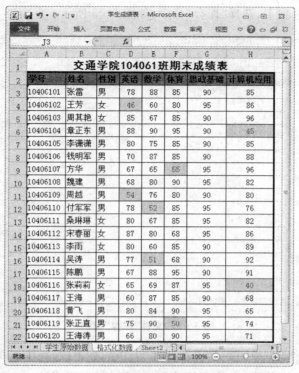

图 3－1　电子表格"学生成绩表"效果图

任务实施

工序 1：工作簿建立

新建 Excel 工作簿"学生成绩表. xlsx"。

1. 单击"开始"菜单→"所有程序"→"Microsoft Office"→"Microsoft office Excel 2010"命令，即可启动 Excel 2010，并自动创建一个名为"工作簿 1"的空白工作簿，如图 3－2 所示。

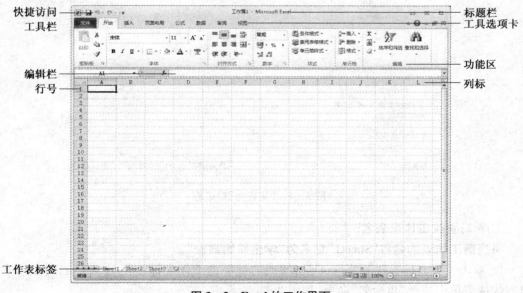

图 3－2　Excel 的工作界面

2. 选择"文件"选项卡,选择"保存"命令,如图3-3所示。

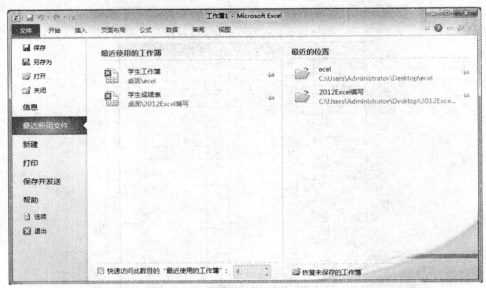

图3-3 文件"保存"窗口

3. 打开"另存为"对话框,单击"保存位置"右边的列表框,选择保存位置,在"文件名"文本框中输入保存文件的名称"学生成绩表",在"保存类型"下拉列表框中选择保存类型为"Excel 工作簿",然后单击"保存"按钮即可,如图3-4所示。

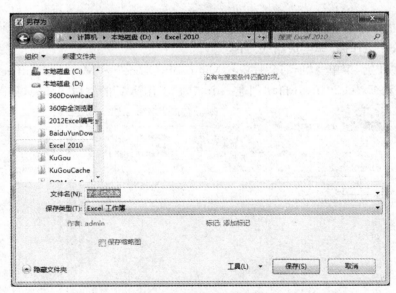

图3-4 "另存为"对话框

工序2:更改工作表表名

将当前工作表的名称"Sheet1"更名为"学生原始数据"。

1. 双击工作表标签栏的"Sheet1"标签或右键单击工作表标签栏的"Sheet1"标签,在弹出的快捷菜单中选择"重命名"命令,如图3-5所示。

图 3-5　"重命名"命令

2. 当工作表标签"Sheet1"出现反白（白底黑字）时，输入新的工作表名"学生原始数据"，按 Enter 键，将该工作表重新命名。

工序 3：输入数据

在工作表"学生原始数据"中输入如图 3-1 所示的标题及表头数据："学号"、"姓名"、**"性别"、"实用英语"、"高等数学"、"体育"、"思政基础"、"计算机应用"以及各列数据。**

1. 单击 A1 单元格，此时光标在单元格上显示为"⊕"，名称框中显示 A1 单元格地址，输入标题文字"交通学院 104061 班期末成绩表"，按 Enter 键确认。

2. 用同样的方法分别在 A2、B2、C2、D2、E2、F2、G2、H2 单元格中输入"学号"、"姓名"、"性别"、"英语"、"数学"、"体育"、"思政基础"、"计算机应用"字段名。

3. 在 A3 单元格中首先输入英文单引号，然后输入学号"10406201"，按 Enter 键，此时学号以文本形式显示，默认为左对齐。

4. 将光标移动到 A3 单元格的填充柄上，当鼠标指针变成黑色十字形时，按住左键往下拖曳至 A22 单元格，在 A3：A22 区域实现自动递增的数据填充。

5. 选择 B3 单元格，输入姓名"张雷"，按 Enter 键。用同样的方法依次输入其他学生姓名。

6. 按住"Ctrl"键，用鼠标依次单击 C4、C5、C13、C14、C15、C18 单元格，在选中的最后一个单元格中输入"女"，同时按"Ctrl＋Enter"组合键，所有被选中的单元格的内容同时出现文本"女"，用同样的方法输入"男"，效果如图 3-6 所示。

7. 单击 D3 单元格，按住鼠标左键向右拖动 5 列到"计算机应用"列后，继续向下拖动至最后一条记录。此时，鼠标拖动过的区域被选中，活动单元格为 D3 单元格。

图 3-6　利用"Ctrl＋Enter"键输入相同的数据

8. 在 D3 单元格中输入"78",按下 Tab 键后,活动单元格移动到右边的 E3 单元格,输入"88",再次按下 Tab 键后,活动单元格移动到右边的 F3 单元格,输入"85",以此类推,直到输入 H3 单元格输入"85",再次键入 Tab 键后,活动单元格就不再向右移动,而是自动移动到下一行的 D4 单元格等待输入数据,依次类推,可以快速输入所有学生的成绩。

9. 所有成绩输入完毕,只要移动方向键或用鼠标单击任何单元格,就可以关闭选定的单元格区域,否则活动单元格就会在该区域中不断循环移动。

> ✍ 说明:
>
> 　　学生成绩录入之后如果发现错误需要修改,则可单击要修改数据的单元格,直接对内容进行修改、插入或删除等操作。

工序 4:学生原始数据工作表的复制

将"学生成绩表. xlsx"工作簿中的"学生原始数据"表进行复制,放在其后并更名为"格式化数据"。

1. 在"学生成绩表. xls"工作簿中的"学生原始数据"工作表标签上右击鼠标,在弹出的快捷菜单中单击"移动或复制(M)..."命令,打开如图 3-7 所示的"移动或复制工作表"对话框。

图 3-7 　"移动或复制工作表"对话框

2. 在"下列选定工作表之前"列表框中选择"Sheet2",选中"建立副本"复选框,单击"确定"按钮,出现"学生原始数据(2)"工作表。

3. 将工作表"学生原始数据(2)"重新命名为"格式化数据",如图 3-8 所示。

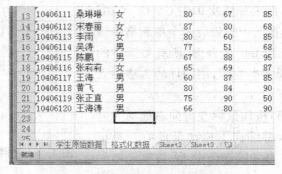

图 3-8 　复制"学生原始数据"表的结果

工序 5：格式设置

对"格式化数据"工作表的进行格式设置。

1. 右键单击第一行的行标，出现设置行高的快捷菜单，打开"行高"对话框，设置行高为20，如图 3-9 所示。用同样的方法设置其他行到合适的高度，也可以同时选中要设置的行，用上述方法设置合适的行高。用鼠标单击列号 A，选中列号 A 列与列号 B 之间的交界处，当鼠标变为+状时双击，将 A 列的列宽自动调至最适合的宽度，用同样的方法将 B、C、D、E、F、G、H 列设置为最适合的列宽。

图 3-9　"行高"对话框

2. 选取"A1：H1"单元格区域，切换到"开始"选项卡，单击"字体"、"字号"、"加粗"及"合并后居中"按钮，设置字体为"黑体，16 号，加粗，合并居中"。设置"A2：H2"单元格区域"加粗，居中"，"D3：H22"单元格区域"居中"，"A3：C22"单元格区域"左对齐"。

3. 选择"A2：H22"单元格区域，单击"开始"选项卡中"字体"组的"边框"按钮，在打开的下拉菜单中选择"其他边框"命令，打开"设置单元格格式"对话框，在"线条样式"列表框中选择细实线，单击"预置"组中的"内部"按钮，将内部框线设置为细实线，可在其中的预览框中进行预览，如图 3-10 所示。在"线条样式"列表框中选择粗实线，单击预置组中的"外边框"按钮，将外部框线设置为粗实线，可在其中的预览框中进行预览，如图 3-11 所示。完成后单击"确定"按钮。

图 3-10　"设置单元格格式"对话框

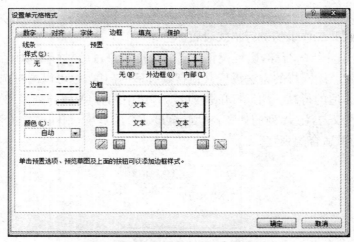

图 3-11　将外部框线设置为粗实线

4. 选择"A2：H2"单元格区域，单击"开始"选项卡，单击"字体"组中的"单元格格式"按钮，弹出"设置单元格格式"对话框，选择"填充"标签，选择背景色，为字段行设置灰色底纹，如图 3-12 所示。

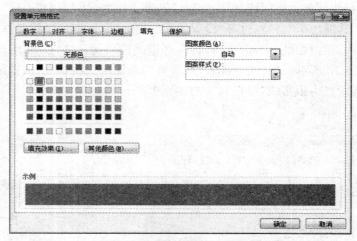

图 3-12　"设置单元格格式"对话框的"填充"选项卡

5. 选取"D3：H22"单元格区域，单击"开始"选项卡"样式"组的"条件格式"按钮，从弹出的菜单中选择"突出显示单元格规则"的"小于"命令，在弹出的"小于"对话框中输入"60"，在"设置为"下拉列表中选择"浅红填充色深红色文本"选项，如图 3-13 所示，设置完成后单击"确定"按钮。这样在这个数据区域中如果某个学生的某科成绩不及格，将会以浅红填充色和深红色文本显示其成绩。

图 3-13　"小于"对话框

6. 单击标题栏上的"保存"按钮将文档保存。效果如图 3-1 所示。

> ✍说明：
>
> 　　工作表的格式化设置可以使用自动套用格式。自动套用格式是指用户可以根据需要，选择 Excel 中预先设定的一些表格格式，可以将工作表快速自动地格式化，从而节约格式化的时间。如果对学生成绩表采用自动套用格式，具体步骤如下：首先选定要格式化的单元格区域，单击"开始"选项卡"样式"组的"套用表格格式"按钮，从弹出的格式中选择一种表格样式。

知识链接

1. 基本概念

（1）工作簿（Book）

在 Excel 2010 中，工作簿是用来存储并处理数据的文件，扩展名为".xlsx"。在默认情况下，每个工作簿由 3 个工作表组成，分别为 Sheet1、Sheet2、Sheet3，用户可以根据实际工作需要插入或删除工作表，最多时可包含 255 张相互独立的工作表。

（2）工作表（Sheet）

工作表是工作簿文件的重要组成部分，是由一个个单元格所组成。工作表的名称显示在工作表标签中，其中工作表标签为带白底黑字、带下划线显示的工作表为活动工作表。

一张工作表默认由 256 列（编号为 A～Z，AA～ZZ，……，IA～IV）、65536 行（编号 1～65536）所构成。工作表中的网格线，是一种虚线，不是实际输出的线条。

工作簿与工作表之间的关系类似于财务工作中的账簿和账页。

（3）单元格

工作表中的任意一行和任意一列的交叉位置称为单元格。单元格是工作表的基本组成单位，一个工作表最多有 65536×256 个单元格。每个单元格都对应一个由行号和列标组成的地址，称为单元格地址。例如 B6、X24 等。为了区别不同工作表中的单元格，可在单元格坐标前加上工作表名，例如："Sheet2！B6"，表示该单元格为 Sheet2 工作表中的 B6 单元格。

（4）单元格区域

单元格区域是指一组被选中的单元格。被选中的区域可以是相邻的，也可以是彼此分离的。对一个单元格区域的操作就是对该区域中的所有单元格执行相同的操作。

单元格区域的表示方法为："左上角单元格标示：右下角单元格标示"，注意单元格标识和其中的冒号为英文半角符号。例如："B3：C4"表示由 B3、C3、B4、C4 单元格组成的矩形区域。

（5）活动单元格

在工作表中只有一个单元格为当前正在操作的，称之为活动单元格。活动单元格的边框为粗线黑框，当用户需对某一单元格进行操作时，应首先将其激活（或称选定），再进行输入或编辑操作，此时在编辑栏的名称框中将显示该单元格的地址，编辑框中显示该单元格的内容。

2. 常用输入数据类型

在 Excel 中输入数据有多种类型，最常用的输入数据类型有文本型、数值型、日期型等。

(1) 文本型

文本型数据包括汉字、英文字母、空格等，默认对齐方式为左对齐。当输入的字符串超出了当前单元格的宽度时，如果右边相邻单元格里没有数据，那么字符串会往右延伸；如果右边单元格有数据，超出的那部分数据就会隐藏起来，只有把单元格的宽度变大后才能显示出来。

(2) 数值型

数值型数据包括 0～9 中的数字以及含有正号、负号、货币符号、百分号等任一种符号的数据，默认对齐方式为右对齐。

在输入过程中，有以下两种比较特殊的情况要注意：

① 负数：在数值前加一个"－"号，可以输入负数，例如"－80"。

② 分数：要在单元格中输入分数形式的数据，应先在编辑框中输入"0"和一个空格，然后再输入分数，否则 Excel 会把分数当作日期处理。例如，要在单元格中输入分数"2/3"，在编辑框中输入"0"和一个空格，然后接着输入"2/3"，敲一下回车键，单元格中就会出现分数"2/3"。

③ 如果要输入的字符串全部由数字组成，如邮政编码、电话号码、存折帐号等，为了避免 Excel 把它按数值型数据处理，在输入时可以先输一个单引号（英文符号），再接着输入具体的数字。例如，要在单元格中输入电话号码"86115098"，先连续输入"'64016633"，然后敲回车键，出现在单元格里的就是"64016633"，并自动左对齐。

(3) 日期时间型

在 Excel 中，日期和时间均按数字处理，其显示方法取决于单元格所用的数字格式。如果在单元格中输入一般的日期和时间格式，则会变为内置的日期和时间格式；如果输入的日期和时间不能识别，则作为文本数据处理。

在 Excel 中，日期和时间的格式取决于 Windows 系统中区域选项的设置。一般情况下，日期用"/"表示，时间用"："表示。如果使用的是 24 小时制，则不必使用 AM 或 PM；如果使用 12 小时制，则应在时间后加上一个空格，然后输入"A"或"AM"（上午），"P"或"PM"（下午）。如果要在同一单元格中键入日期和时间，应在它们之间用空格分开。在单元格中输入当前日期，快捷键为"Ctrl＋；"；在单元格中输入当前时间，快捷键为"Ctrl＋Shift＋；"。

3. 单元格与区域的选择

(1) 选择单元格

将鼠标置于要选择的单元格上，当光标变成"空心十字"形状时单击，即可选择该单元格，此时其边框以黑色粗线标识。

(2) 选择相邻单元格区域

将鼠标置于单元格区域的左上角，拖动鼠标至右下角，释放鼠标，即可选择单元格区域。或选择左上角单元格，然后按住 Shift 键的同时单击右下角单元格，也可选择相应单元格区域。

(3) 选择不相邻单元格或区域

选择需要的第一个单元格或区域，然后按住 Ctrl 键的同时，选择其他所需的单元格或区域。

(4) 选择整行或整列

将鼠标置于要选择行的行号处，当光标变成"向右"箭头时，单击行号，即可选择整行。

将鼠标置于要选择列的列标处,当光标变成"向下"箭头时,单击列标,即可选择整列。

(5) 选择不相邻的多行或列

选择需要的第一行或列,然后按住 Ctrl 键的同时,选择其他所需的行或列。

(6) 选择工作表的所有单元格

单击行号与列标的交叉处,即工作表的全部选定按钮,或按"Ctrl+A"组合键,全选当前工作表的所有单元格。

4. 数据快速输入

(1) "Ctrl+Enter"组合键快速输入相同数据

用户可以在选择的所有单元格中同时填充相同的数据。先选中要输入数据的所有单元格,在被选中的最后一个单元格中输入这个数据,然后按"Ctrl+Enter"组合键,选中的所有单元格中就是相同的数据了。

(2) 自动填充

Excel 2010 中,假如要想工作表中输入一组按一定规律排列的数据,例如一组时间、日期和数字序列,都可使用 Excel 的数据填充功能来完成。在工作表中选定一个单元格或区域后,在其右下角会出现一个黑色小方块,即填充柄。当光标移动至其上时会变为"+"形状,拖动填充柄即可实现数据的快速填充,不仅可以填充相同的数据,还可以填充有规律的数据。举例如下:

① 左键填充:新建工作表,在 A1 单元格中输入 1,在 A2 单元格中输入 2。选中 A1:A2 区域,将鼠标光标指向单元格填充柄,如图 3-14 所示,当鼠标光标变成黑实心"+"字形光标时,向下拖动填充柄至 A9 单元格,自动填充数据,如图 3-15 所示。

② 右键填充:当我们选择一个单元格或区域后,如果用右键进行填充操作,放开右键后,就会弹出一个快捷菜单,可选择"复制单元格"、"以序列方式填充"、"等差数列"、"等比数列"或"序列"等选项进行填充,如图 3-16 所示。

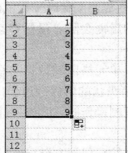

图 3-14　输入 1 和 2

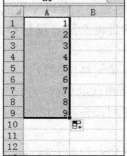

图 3-15　自动填充数据

图 3-16　右键填充数据

5．工作表操作

(1) 新建工作表

如果要在工作簿中添加新的工作表，在工作表标签栏中单击"插入工作表"按钮，可以在最后一个工作表后面插入一个新的工作表。如果要插入多张工作表，可以在完成一次插入工作表之后，按 F4 键(重复操作)来插入多张工作表。

(2) 移动或复制工作表

执行以下操作之一即可实现工作表的移动或复制：

● 用鼠标直接拖动工作表标签即可完成工作表的移动。复制工作表则是选择要复制的工作表标签，同时按下 Ctrl 键，将复制的表格拖放到指定位置。

● 右击要复制的工作表标签，在弹出的菜单中单击"移动或复制工作表"命令，打开"移动和复制工作表"对话框，将"建立副本"复选框选中，进行复制或移动。

(3) 删除工作表

选择一个或多个工作表，右击其工作表标签区域，选择快捷菜单中"删除"命令，则可删除选定工作表。

(4) 工作表重命名

执行以下操作之一可以实现工作表的重命名：

● 双击工作表标签，使工作表名称处于可编辑状态，再输入新表名。

● 在工作表标签上单击右键，执行快捷菜单中的"重命名"命令。

6．移动、复制单元格数据

在 Excel 2010 中数据的复制或移动与在 Word 2010 中数据的复制与移动类似，可通过以下操作之一完成：

● 利用"开始"选项卡中的命令复制或移动数据。

选择"开始"选项卡"剪切板"组中的"剪切"、"复制"或"粘贴"按钮命令，可以方便地复制或移动单元格中的数据。在粘贴数据时，应注意要选择与复制数据单元格区域相同的单元格区域或者选中区域左上角的第 1 个单元格，进行粘贴。如果选择的区域与原区域不同，系统会出现警告，让用户选择与原数据区域相同的区域或选中一个单元格进行数据粘贴。

● 利用鼠标拖动复制或移动数据。

如果移动或者复制的源单元格和目标单元格相距较近，直接使用鼠标就可以更快地实现复制和移动数据。

使用鼠标拖放的方法移动单元格数据，选择要移动的单元格或单元格区域，将鼠标移动到所选择的单元格区域的边缘，当鼠标变成箭头状时按住鼠标左键不放。拖动鼠标，此时一个与原单元格或单元格区域一样大小的虚框会随着鼠标移动。到达目标位置后释放鼠标，则数据被移到新的位置。

使用鼠标拖动的方法复制单元格或单元格区域数据与移动操作相似，在按下鼠标左键的同时按住键盘上的"Ctrl"键，此时在箭头状的鼠标旁边会出现一个加号，表示现在进行的是复制操作而不是移动操作。在进行复制操作时，如果目标区域内含有数据，会自动覆盖这些数据。

在使用鼠标移动或复制数据时如果按住鼠标右键，然后拖动单元格，那么当释放鼠标时屏幕将弹出拖放快捷菜单，用户可以在快捷菜单中选择相应的命令进行移动或复制。例如在要复制数据的目标单元格中含有数据,用户可以选择让目标单元格中的数据下移或右移,当然也可以选择覆盖原有数据。

● 使用选择性粘贴。

对于复杂数据的复制,用户可以使用选择性粘贴来有选择地进行数据的复制。选择要复制的数据,复制后选择待复制目标区域中的第一个单元格,在"开始"选项卡"剪切板"组中"粘贴"命令下拉菜单中选择"选择性粘贴(S)..."命令,打开"选择性粘贴"对话框,如图 3-17 所示。在"选择性粘贴"对话框中设定要粘贴的方式,设置完毕后单击"确定"按钮。

图 3-17 "选择性粘贴"对话框

在"选择性粘贴"对话框中用户可以看到,使用选择性粘贴可以实现加、减、乘、除运算,或者只复制公式、数值、格式等,还可以进行转置的复制操作。

(4) 使用插入方式复制单元格数据

如果在复制数据时需要将数据复制到含有数据的单元格上,但又不想覆盖以前存在的数据,可以使用"插入复制的单元格"命令来复制数据。如果执行了剪切数据操作,则需要执行"插入剪切的单元格"命令来转移数据。

7. 插入、删除单元格、行或列

(1) 插入、删除单元格

根据需要插入的单元格位置与数量确定选择的单元格区域,然后右击选定区域,在弹出的快捷菜单中选择"插入"选项,选择单元格插入方式即可插入。删除单元格方法类似。

(2) 插入、删除行或列

根据需要插入行数(或列)的位置与数量确定选定选择的单元格区域,然后右击选定区域,在弹出的快捷菜单中选择"插入"选项,选择插入行或列即可,默认状态下会在当前单元格的上方或左侧插入整行或整列。删除行或列方法类似。

8. 显示与隐藏工作表、行或列

(1) 显示与隐藏工作表

选择需要隐藏的工作表,选中工作表的表签,右击出现快捷菜单,选中"隐藏"即可;如果要取消隐藏工作表,任意选中一个工作表的标签,只需选中"取消隐藏"命令,就会出现要显示的表单列表,选择要取消隐藏的表单即可。

(2) 显示与隐藏行或列

① 隐藏行或列:选中需要隐藏的行或列,选择右击出现的快捷菜单中选择"隐藏"命令即可。

② 取消行或列的隐藏:选择包含隐藏行或列的区域,右击出现的快捷菜单栏中选择"取消隐藏"命令即可。

9. 批注

在 Excel 2010 中,可以通过插入批注来对单元格添加注释。添加注释后,可以编辑批注中的文字,也可以删除不再需要的批注。

(1) 选中 B3 单元格,单击"审阅"选项卡"批注"任务组中的"新建批注"命令按钮,打开

"批注"文本框,如图 3-18 所示。在文本框中输入批注的内容,关闭文本框后单元格的右上角出现一个红色的三角。

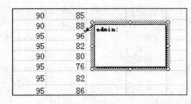

图 3-18 "批注"文本框

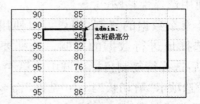

图 3-19 显示批注的内容

（2）将鼠标指针放在建有批注的单元格上,即可显示批注的内容,效果如图 3-19 所示。

（3）选中有批注的单元格,单击"审阅"选项卡"批注"任务组中的"编辑批注"命令按钮,可以在打开的批注文本输入框中编辑批注;单击"删除"命令按钮,可以删除批注。

任务 2 数据统计与分析

任务描述

紧接任务 1:南京交院 104061 班需要进行奖学金评定,对"学生成绩表. xlsx"的"格式化数据"工作表中的数据进行总分计算和名次评定,并计算每个科目的平均分。最终结果如图 3-20 所示。

学号	姓名	性别	英语	数学	体育	思政基础	计算机应用	总分	名次
						交通学院104061班期末成绩表			
10406101	张雷	男	78	88	85	90	85	426	2
10406102	王芳	女	46	60	80	95	86	367	19
10406103	周其艳	女	85	67	85	90	96	423	3
10406104	章正东	男	88	90	95	90	45	408	10
10406105	李潇潇	男	80	75	85	90	85	415	6
10406106	钱明军	男	70	87	85	90	88	420	4
10406107	方华	男	67	65	55	95	96	378	17
10406108	魏建	男	68	80	90	95	82	415	6
10406109	周越	男	54	76	90	80	80	380	16
10406110	付军军	男	78	52	85	95	76	386	14
10406111	桑琳琳	女	80	67	85	95	82	409	9
10406112	宋春丽	女	87	80	68	95	86	416	5
10406113	李雨	女	80	60	85	90	89	404	11
10406114	吴涛	男	77	51	68	90	92	378	17
10406115	陈鹏	男	67	90	90	95	91	431	1
10406116	张莉莉	女	65	69	87	95	40	356	20
10406117	王海	男	60	87	90	95	68	390	13
10406118	黄飞	男	80	84	90	95	65	414	8
10406119	张正直	男	75	90	50	95	74	384	15
10406120	王海涛	男	66	80	90	95	71	402	12
各科平均分			72.6	74.8	81.4	92.5	78.85		

图 3-20 学生成绩表统计和分析效果图

任务实施

打开任务 1 的"学生成绩表.xlsx"文件,单击"文件"主菜单中的"另存为"命令,打开"另存为"对话框,将其文件名改为"学生成绩评定.xlsx",单击"保存"。

工序 1:使用公式计算总分

在"格式化数据"工作表中,增加"总分"列,使用公式计算每个学生的总分。

1. 打开"学生成绩表成绩评定.xlsx"工作簿的"格式化数据"工作表。

2. 在 I2 单元格中输入"总分"。

3. 选择要输入公式的单元格 I3,在该单元格或编辑栏的输入框中输入等号"＝",然后输入"D3＋E3＋F3＋G3＋H3",这里使用的是相对地址,如图 3－21 所示。

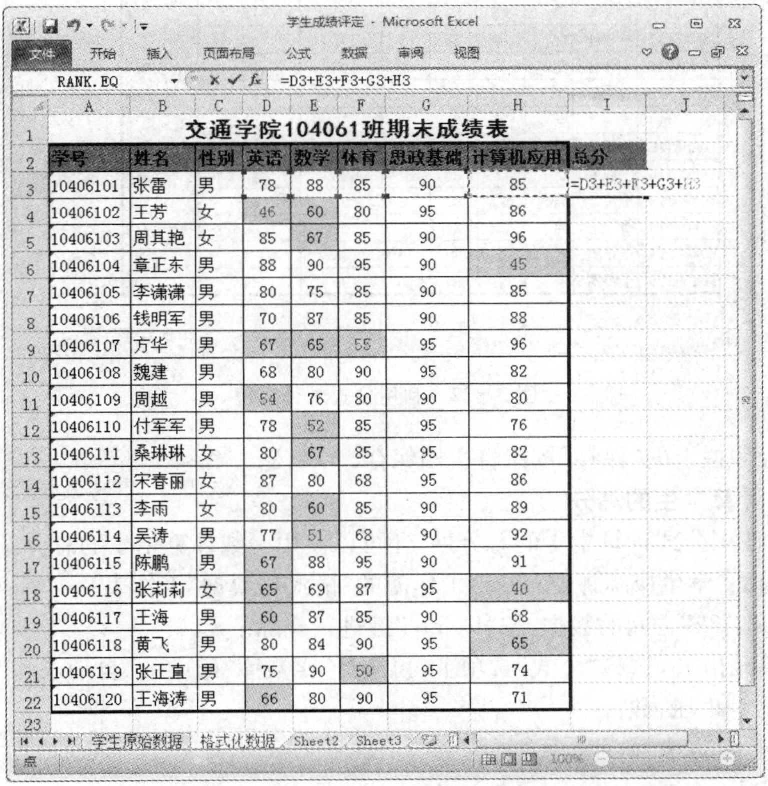

图 3－21　公式输入

4. 输入完毕后,按 Enter 键或单击编辑栏上的"√"按钮系统将自动计算出公式的结果为"426",并显示在 I3 单元格中。若要取消输入的公式,可以单击编辑栏中的"取消"按钮"×",或按 Esc 键。

5. 复制公式。再次单击选中的 I3 单元格,将鼠标移到填充柄上,当鼠标指针变成黑色十字形时,按住鼠标左键拖曳到 I22 单元格,将单元格 I3 中的公式复制到填充区域的其他单元格(注意这里,使用了单元格相对引用),这样所有学生的总分就计算出来了,效果如图 3－22 所示。

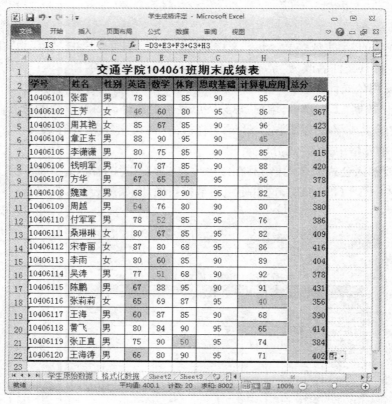

图 3-22　利用公式求和过程

6. 单击标题栏上的"保存"按钮将文档保存。

使用函数计算学生的总分

除了可以使用公式计算学生的总分外,还可以使用函数计算学生的总分。

1. 打开前面"学生成绩评定. xlsx"工作簿的"格式化数据"工作表。

2. 选取"I3:I22"之间的数据,按"Delete"键进行删除。

3. 选中单元格 I3,选择"公式"选项卡,再选择"函数库"组中的"自动求和"按钮,单元格中出现了求和函数"SUM",Excel 自动选择了范围"D3:H3"(也可以自行输入区域,在函数下方有函数的输入格式提示),如图 3-23 所示。

4. 按回车键或单击"√"按钮确认。I3 单元格中显示出计算结果。"I4:I22"区域的总分可以用拖动填充柄来完成。

图 3-23　利用函数求和

工序 2：学生的名次计算：根据总分对所有学生进行名次排序

1. 在单元格 J2 中输入"名次"。

2. 选中单元格 J3，切换到"公式"选项卡，选择"其他函数"下方的"统计"选项并在其下拉函数中选择"RANK.EQ"函数，如图 3－24 所示。在打开的"函数参数"对话框中，在第一个空格中输入第一个同学的总分，即 I3 单元格内的内容，在第二单元格中输入所有同学的总分信息，\$I\$3：\$I\$22（此处需要输入绝对引用地址，可按 F4 键转换或直接输入），如图 3－25 所示。设置完成后，单击图中的"确定"按钮，J3 单元格中即出现了该同学的排名，"J4：J22"区域的名次可以用拖动填充柄来完成。总分排名结果如图 3－26 所示。

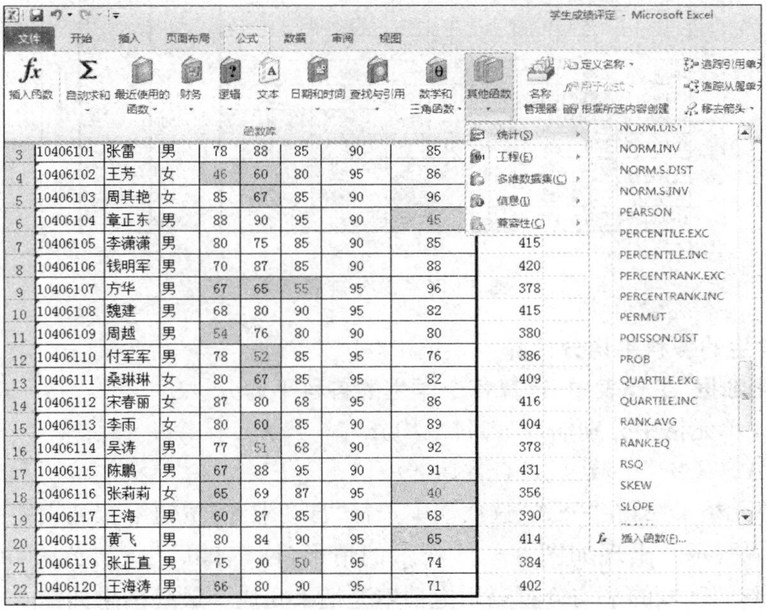

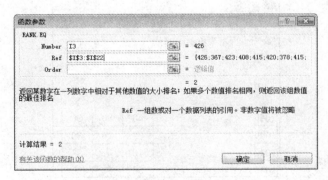

图 3－24　RANK 函数命令

图 3－25　RANK.EQ 函数参数设置

交通学院104061班期末成绩表									
学号	姓名	性别	英语	数学	体育	思政基础	计算机应用	总分	名次
10406101	张雷	男	78	88	85	90	85	426	2
10406102	王芳	女	46	60	80	95	86	367	19
10406103	周其艳	女	85	67	85	90	96	423	3
10406104	章正东	男	88	90	95	90	45	408	10
10406105	李潇潇	男	80	75	85	90	85	415	6
10406106	钱明军	男	70	87	85	90	88	420	4
10406107	方华	男	67	65	55	95	96	378	17
10406108	魏建	男	68	80	90	95	82	415	6
10406109	周越	男	54	76	80	90	80	380	16
10406110	付军军	男	78	52	85	95	76	386	14
10406111	桑琳琳	女	80	67	85	95	82	409	9
10406112	宋春丽	女	87	60	68	95	86	416	5
10406113	李雨	女	80	60	85	90	89	404	11
10406114	吴涛	男	77	51	68	90	92	378	17
10406115	陈鹏	男	67	88	96	90	91	431	1
10406116	张莉莉	女	65	69	87	95	40	356	20
10406117	王海	男	60	87	85	90	68	390	13
10406118	黄飞	男	80	84	90	95	65	414	8
10406119	张正直	男	75	90	50	95	74	384	15
10406120	王海涛	男	66	80	90	95	71	402	12

图 3-26　总分排名结果

工序 3:学生的各科平均分计算

在"格式化数据"工作表中,计算每个学生的各科平均分。

1. 在 A23 单元格中分别输入"各科平均分"。

2. 选取"A23:C23"区域,进行合并后居中。

3. 选取单元格 D23,在"公式"选项卡中选择"自动求和"按钮下拉列表中的"平均值"命令,如图 3-27 所示。出现如图 3-28 所示的情形,回车键后出现"英语"的平均值结果 72.6。"E23:H23"区域的平均分可以用拖动填充柄来完成。最终结果如图 3-20 所示。

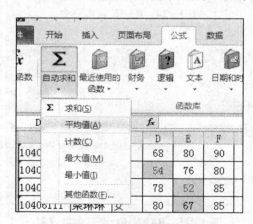

图 3-27　"平均值"按钮

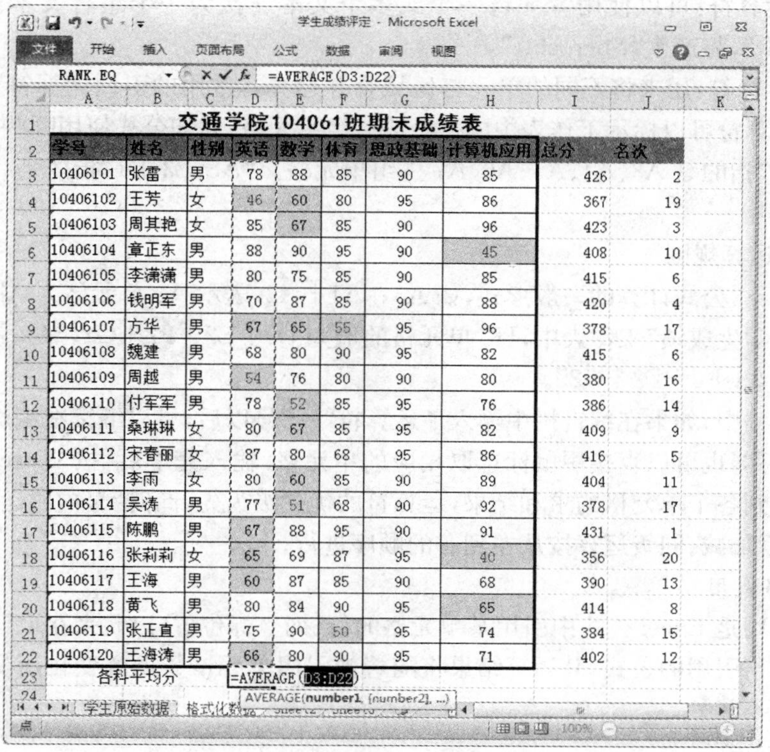

图 3-28　利用函数求平均值

知识链接

　　Excel 2010 中的公式和函数是高效计算表格数据的有效工具,也是必须学习的重要内容。下面将详细介绍 Excel 公式和函数的使用方法,希望能够帮助用户提高利用函数和公式的能力,顺利解决实际工作中的难题。

　　1. 公式的使用

　　公式是由常量、单元格引用、单元格名称、函数和运算符组成的字符串,也是在工作表中对数据进行处理的算式。公式可以对工作表中的数据进行加、减、乘、除等运算。在使用公式运算过程中,可以引用同一工作表中不同的单元格、同一工作簿不同工作表中的单元格,也可以引用其他工作簿中的单元格。Excel 中所有的计算公式都是以"＝"开始,除此之外,它与数学公式的构成基本相同,也是由参与计算的参数和运算符组成。参与计算的参数可以是常量、变量、单元格地址、单元格名称和函数,但不允许出现空格。

　　(1) 公式运算符

　　运算符是为了对公式中的元素进行某种运算而规定的符号。Excel 中有 4 种类型的运算符:算术运算符、比较运算符、文本运算符和引用运算符。

　　① 算术运算符:用来进行基本的数学运算,包括加(＋)、减(－)、乘(＊)、除(/)、乘方(∧)、百分号(％)等。

　　② 关系运算符:用来比较两个数值的大小,包括等于(＝)、大于(＞)、小于(＜)、大于等于(＞＝)、小于等于(＜＝)、不等于(＜＞)。

③ 文本运算符：可以使用"＆"将一个或多个文本连接为一个组合文本值。例如：＝"Micro"＆"soft"，将产生"Microsoft"。

④ 引用运算符：用来将不同的单元格区域合并运算。常用的引用运算符号有冒号、逗号等。引用运算符可以标示工作表中的一个或一组单元格，通知公式使用哪些单元格的值。例如："A3：A7"指的是 A3、A4、A5、A6、A7 一组单元格。"A5，B3，D1"指的是 A5、B3、D1 三个单元格。

（2）公式运算规则

一般情况下，公式计算的一般形式，如 A3＝A1＋A2，表示 A3 单元格为 A1 和 A2 的和。例如，在素材"学生成绩"工作表中，H2 单元格的值为 D2＋E2＋F2＋G2，那么就在 H2 单元格中输入"＝D2＋E2＋F2＋G2"。

在输入过程中，如果在编辑栏中输入了运算符"＝"号以后，可以继续在编辑栏中输入相应的单元格名称，也可以直接用鼠标选取相应的单元格，输入完毕后，按"Enter"键，即可在该单元格中得到各个单元格的求和结果，运算符的优先级为先计算括号内的运算，先乘方后乘除、先乘除后加减、同级运算按从左到右的顺序进行。

2. 单元格引用

单元格引用是 Excel 公式中引用某单元格的行、列坐标位置，以此来获取该单元格的数据。使用单元格引用的公式，其运算结果将随着被引用单元格数据的变化而变化。单元格引用通常有以下几种：

（1）相对引用

在运算结果单元格的公式中，引用与其处于相对位置的单元格。如果将公式复制到其他位置的单元格中，则公式会随之变动，引用相对位置的单元格。我们前面用到的"E3＋F3＋G3＋H3"就是相对引用。如果把其复制到 I4，I4 单元格公式随之变为"＝E4＋F4＋G4＋H4"。

（2）绝对引用

绝对引用是指引用固定位置的单元格。如果公式中的引用是绝对引用，那么复制后的公式引用不会改变。绝对引用的样式是在列字母和行数字之前加上美元符"＄"，例如＄A＄1、＄B＄2 都是绝对引用。

（3）混合引用

混合引用是指在列标与行号中，一个使用绝对地址，一个使用相对地址。例如＄F7 是（列固定，行可变）即混合引用。

（4）跨工作表引用

跨工作表引用即在一个工作表中引用另一个工作表中的单元格数据。为了便于进行跨工作表引用，单元格的准确地址应该包括工作表名，其形式为："工作表名！单元格地址"。如果单元格是在当前工作表，则前面的工作表名可省略。

复制公式时，当公式中使用的单元格引用需要随着所在位置的不同而改变时，应该使用"相对引用"；当公式中使用的单元格引用不随所在位置而改变时，应该使用"绝对引用"。

3. 函数的使用

Excel 将一些经常用到的公式（如求和、求平均值等）进行预定义，以函数的形式保存起来，供用户直接调用。函数就是 Excel 中的内置公式。在上面讲到的公式输入中，也可以将函数嵌套进公式的计算。与公式一样,函数也必须是以等号"＝"开头。

（1）认识函数

函数由三部分组成,即函数名称、括号和参数,其结构为以等号"＝"开始,后面紧跟函数名称和左括号,然后以逗号分隔输入参数,最后是右括号。其语法结构为,函数名称(参数1,参数2,……参数 N)。在函数中各名称的意义如下:函数名称:指出函数的含义,如求和函数 SUM,求平均值函数 AVERAGE;括号:括住参数的符号,即括号中包含所有的参数;参数:执行的目标单元格或数值,可以是数字、文本、逻辑值(例如 TRUE 或 FALSE)、数组、错误值(例如♯N/A)或单元格引用,其各参数之间必须用逗号隔开。

了解了函数的一些基本知识后,用户就可以创建函数。在 Excel 2010 中,创建函数有两种方法,一种是直接在单元格中输入函数内容,这种方法要求用户对函数有足够的了解,熟悉掌握函数的语法及参数意义。另一种方法是利用"公式"选项卡中的函数。这种方法比较简单,它不需要对函数进行全部了解,用户可以在所提供的函数方式中选择。

（2）直接输入函数

直接输入法的操作非常简单,用户只需先选择要输入函数公式的单元格,输入"＝",然后按照函数的语法直接输入函数名称及各参数,完成输入后按"Enter"键或单击"编辑栏"中的"输入"按钮"√"即可得出要求的结果。

（3）利用"公式"选项卡中"函数库"里面的命令

利用直接输入法来输入函数时,要求用户必须了解函数的语法、参数及使用方法,但是由于 Excel 提供了 200 多种函数,因此用户不可能全部记住。Excel 2010 提供了大量的函数,表 3-1 简单介绍了部分函数及用法。

表 3-1　有关常用函数及其用法

函数	说明
SUM	对指定单元格区域中的单元格求和
IF	根据条件的真假返回不同的结果
LEN	返回文本字符串的字符个数
MID	从字符串中的指定位置起返回指定长度的子字符串
VLOOKUP	按指定条件对表进行查找
SUMIF	按指定条件对若干单元格求和
DOUNTIF	计算满足条件的单元格数目
FREQUENCY	返回一级数值的频率分布
DSUM	按指定条件对数据库中的若干单元格求和
IX;OUNT	计算数据库中满足条件的单元格的个数
DAVERAGE	按指定条件对数据库中的若干单元格求平均值
ABS	返回指定数值的绝对值
INT	给数值向下取整
MOD	返回两数相除后的余数

(续表)

函数	说明
ROUND	按指定的位数对数值进行四舍五入
SIGN	返回指定数值的符号,正数返回1,负数返回—1
AVERAGE	计算参数的算术平均值
COUNT	对指定单元格区域内的数字单元格计数
MAX	对指定单元格区域中的单元格取最大值
MIN	对指定单元格区域中的单元格取最小值

任务3 数据图表显示

任务描述

紧接任务2,希望将"学生成绩评定. xlsx"中的数据以图表显示,使数据表示更加清晰、直观,同时也会使数据更易于让人们理解和接受,最终结果如图3-29所示。

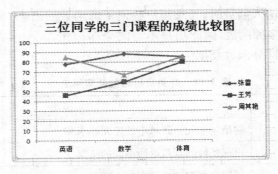

图 3-29 学生成绩表统计和分析效果图

任务实施

打开任务2中的"学生成绩评定. xlsx",单击"文件"选项卡,选择"另存为"命令,将其文件名改为"学生成绩表图表表示. xlsx",单击"保存"。

工序 1:创建图表

将张雷、王芳、周其艳三位同学的英语、数学、体育成绩生成图表。

1. 选取"格式化数据"工作表中生成图表需要的数据源区域"B2:B5"以及"D2:F5"(选择不连续的区域,应该在选取完第一个区域后,按住 Ctrl 键的同时再选取第二个区域)。

2. 切换到"插入"选项卡,选择"图表"组中的"折线图"下拉列表中的"二维折线图"下的"带数据标志的折线图",如图 3-30 所示。显示的折线图如图 3-31 所示,此时 Excel 主窗口添加"图表工具"的菜单如图 3-32 所示。

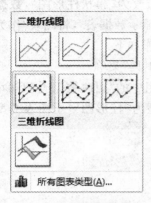

图 3-30　"折线图"命令

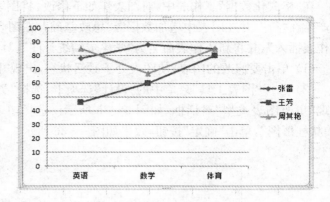

图 3-31　折线图

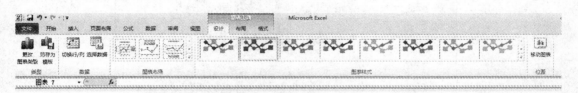

图 3-32　"图表工具"菜单

工序 2：给图表添加标题

给图表添加标题"三位同学的三门课程的成绩比较图"。

选中图表，切换到"布局"选项卡，选择"标签"组中"图表标题"下拉列表的"图表上方"命令，如图 3-33 所示，随即出现如图 3-34 所示的设置图表标题的文本框，在文本框中输入"三位同学的三门课程的成绩比较图"，结果如图 3-29 所示。

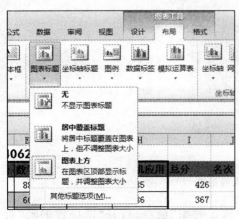

图 3-33　"图表标题"命令

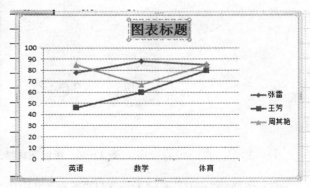

图 3-34　"图表标题"设置

知识链接

1. 图表修改

图表生成之后，如果感到不满意，可以更改图表的类型、源数据、图表选项以及图表的位置等，使图表变得更加完善。

　　在"格式化数据"工作表中,对图表作如下修改:将图表类型改为"簇状柱形图",数据系列产生在"行",并在图表中增加数据源"思政基础",在图表中"显示数据表",将图表"作为新工作表插入",并将新工作表命名为"学生成绩统计图",具体操作如下:

　　(1) 单击要修改的图表,使图表处于激活状态,出现"图表工具"菜单。

　　(2) 选择"图表工具"菜单中的"设计"选项卡,选择"类型"组中的"更改数据类型"命令,出现"更改图表类型"对话框,如图 3－35 所示。选择图表类型为"柱形图",子图表类型为"簇状柱形图",单击"确定"按钮,效果如图 3－36 所示。

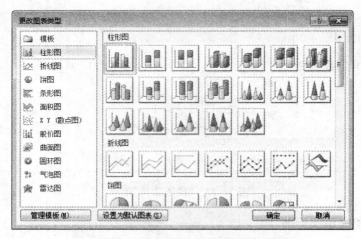

图 3－35　"更改图表类型"对话框

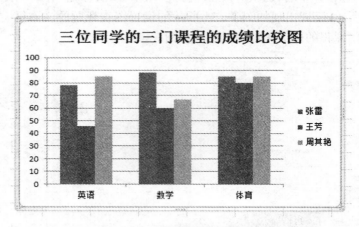

图 3－36　折线图转换为柱形图

　　(3) 切换到"设计"选项卡。单击"数据"组中的"选择数据"命令,打开"选择数据源"对话框,如图 3－37 所示,对"图表数据区域"进行重新选择"B2:B5"以及"D2:G5",系列产生在"行",单击"确定"按钮后出现效果如图 3－38 所示。

图 3－37　"选择数据源"对话框

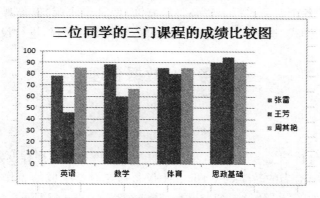

图 3－38　重新选取数据源后的效果图

（4）切换到"布局"选项卡，如图 3－39 所示选择"标签"组的"模拟运算表"列表下的"显示模拟运算表"命令，在图表中就显示了原始数据。选中"坐标轴"列表下的命令可以设置各个坐标轴的值，设置如图 3－40 所示。

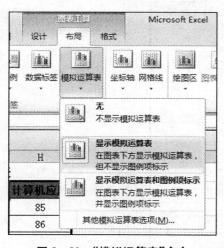

图 3－39　"模拟运算表"命令

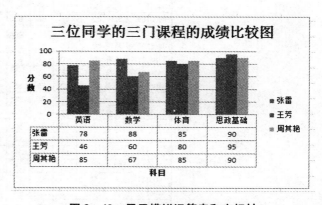

图 3－40　显示模拟运算表和坐标轴

（5）再次切换"设计"选项卡，选择"移动图表"命令，打开"移动图表"对话框，选择"新工作表"，名称为"学生成绩统计图"，如图 3－41 所示。随即在该工作簿中插入一张新的工作表"学生成绩统计图"。

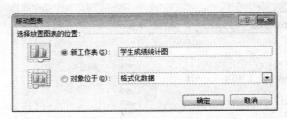

图 3－41 "移动图表"对话框

2. 图表格式化

图表建立并修改完成后，如果显示的效果不太美观，可以对图表的外观进行适当地格式化，也就是对图表的各个对象进行一些必要的修饰，使其更协调、更美观。这些命令主要在"图表工具"菜单的"样式"选项卡中，选中图表中某个具体的项目，进行设置即可。

任务 4　数据管理

任务描述

为能够更好地分析学生考试情况，及时了解学生对课程的掌握程度，便于任课教师在以后的教学中能够做出恰当的教学调整，班主任张老师要对学生成绩表作进一步的数据管理和分析。最终结果如图 3－42、3－43、3－44、3－45、3－46、3－47 所示。

学生成绩表数据管理与分析 - Microsoft Excel

学号	姓名	性别	英语	数学	体育	思政基础	计算机应用
10406114	吴涛	男	77	51	68	90	92
10406110	付军军	男	78	52	85	95	76
10406113	李雨	女	80	60	85	90	89
10406102	王芳	女	46	60	80	95	86
10406107	方华	男	67	65	55	95	96
10406103	周其艳	女	85	67	85	90	96
10406111	桑琳琳	女	80	67	85	95	82
10406116	张莉莉	女	65	69	87	95	40
10406105	李潇潇	男	80	75	85	90	85
10406109	周越	男	54	76	80	90	80
10406112	宋春丽	女	87	80	68	95	86
10406108	魏建	男	68	80	90	95	82
10406120	王海涛	男	66	80	90	95	71
10406118	黄飞	男	80	84	90	95	65
10406106	钱明军	男	70	87	85	90	88
10406117	王海	男	60	87	85	90	68
10406101	张雷	男	78	88	85	90	85
10406115	陈鹏	男	67	88	95	90	91
10406104	章正东	男	88	90	95	90	45
10406119	张正直	男	75	90	50	95	74

交通学院104061班期末成绩表

学生原始数据　格式化数据　数据排序

图 3－42　简单排序

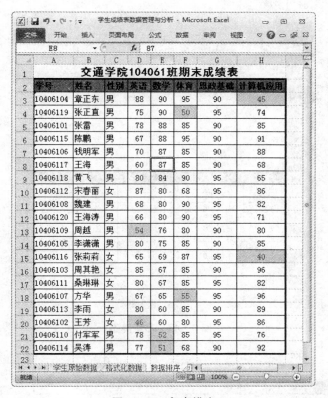

图 3-43　复杂排序

图 3-44　自动筛选

图 3-45　高级筛选

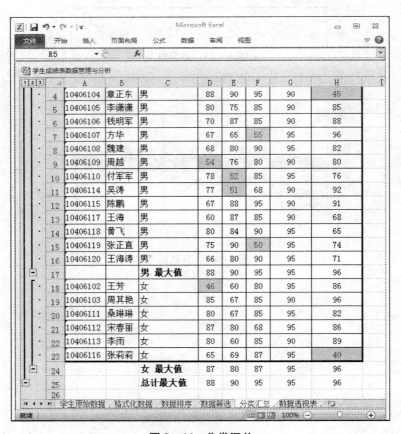

图 3-46　分类汇总

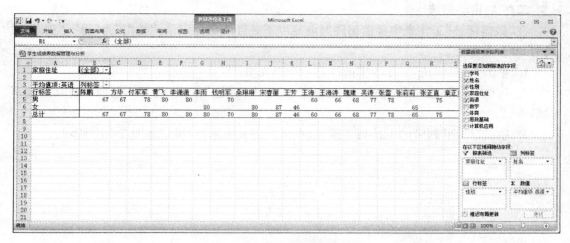

图 3-47　数据透视表的结果

任务实施

打开任务 1 中的"学生成绩表. xlsx",将"格式化数据"工作表复制五份,并将复制后的工作表分别命名为"数据排序"、"数据筛选"、"分类汇总",再插入一张新的工作表,命名为"数据透视表"。单击"文件"选项卡中的"另存为"命令,将其文件另存为"学生成绩表数据管理与分析. xlsx",最后单击"保存"按钮。

工序 1:排序

在"数据排序"工作表中,将"数学"列的成绩按升序排列。

1. 选择"数据排序"工作表,单击"数学"列中的任一单元格。

2. 选择"数据"选项卡,单击"排序和筛选"组中"升序"按钮。数据清单以记录为单位,并按"数学"成绩由低到高的方式进行排序。结果如图 3-42 所示。

在"数据排序"工作表中,以"数学"为主要关键字降序排列,以"英语"为次要关键字降序排列。

(1) 选中"数据排序"工作表,单击数据清单中的任一单元格。

(2) 选择"数据"选项卡,单击"排序和筛选"组中"排序"按钮。打开"排序"对话框,首先设置主要关键字"数学"按"降序"排列,然后单击"添加条件"按钮添加次要关键字,设置"英语"按"降序"排列,如图 3-48 所示,单击"确定"按钮即出现如图 3-43 所示结果。

图 3-48　"排序"对话框

工序 2：自动筛选

在"数据筛选"工作表中筛选出同时满足以下条件的数据记录："性别"为"男"；"英语"成绩为 **80** 分及以上。

1. 单击"数据筛选"工作表中的任意一个单元格。

2. 选择"数据"选项卡，单击"排序和筛选"组中"筛选"按钮，此时标题列中自动出现下拉箭头。

3. 单击"性别"列旁的下拉列表箭头，在下拉列表中选择"男"，如图 3－49 所示。

图 3－49　自动筛选中"性别"设置

4. 单击"英语"列旁的下拉列表箭头，在下拉列表中选择"数字筛选"下的"大于或等于"命令，如图 3－50 所示，打开"自定义自动筛选方式"对话框，显示行英语设置为"大于或等于80"，如图 3－51 所示。最后筛选结果如图 3－44 所示。

5. 单击"保存"按钮，将文档保存。

图 3－50　自动筛选中"数字筛选"设置

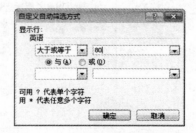

图 3－51　"自定义自动筛选方式"对话框

✍说明：

　　在一个数据清单中进行多次筛选,下一次筛选的对象是上一次筛选的结果,最后的筛选结果受所有筛选条件的影响,它们之间的逻辑关系是"与"的关系。如果要取消对所有列的筛选,只要选择"数据"选项卡,单击"排序和筛选"组中"清除"按钮即可;如果要撤销数据清单中的自动筛选箭头,并取消所有的自动筛选设置,只要重新选择"数据"选项卡,单击"排序和筛选"组中"筛选"按钮即可。

　　自动筛选可以实现同一字段之间的"与"运算和"或"运算,通过多次自动筛选,也可以实现不同字段之间的"与"运算,但却无法实现多个字段之间的"或"运算。比如在各科成绩中筛选出所有单科成绩不及格的同学。在这种情况下,各字段之间的运算都是"或"运算,而自动筛选无法实现不同字段之间的"或"运算,只有使用高级筛选才能完成。

工序 3:高级筛选

在"数据筛选"工作表中筛选出所有单科成绩不及格的同学的数据记录。

　　1. 选择"数据"选项卡,单击"排序和筛选"组中"筛选"按钮取消前面的自动筛选,全部显示"数据筛选"工作表中所有数据。

　　2. 构造筛选条件。在进行高级筛选之前,首先必须指定一个条件区域。条件区域与数据清单之间至少应留有一个空白行或一个空白列。遵循这个原则,在"数据筛选"工作表的数据清单最后的 D24:H29 区域,输入如图 3-52 所示的筛选条件。

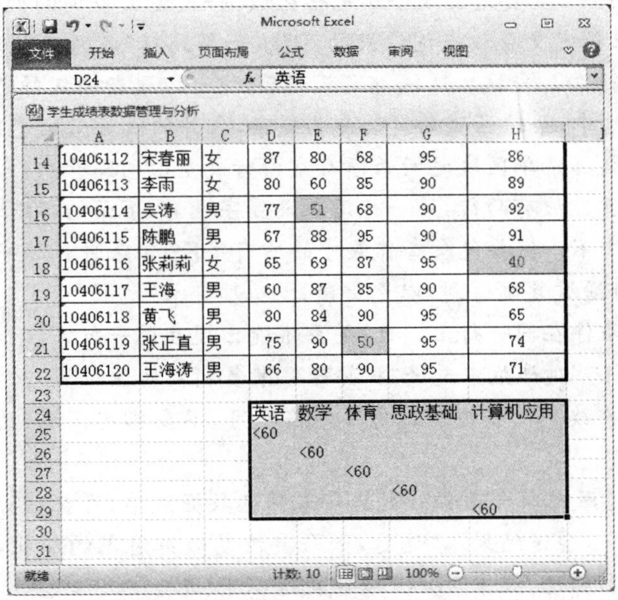

图 3-52　设置高级筛选的条件区域

　　3. 在"数据筛选"工作表中,单击数据清单中的任一单元格。

　　4. 选择"数据"选项卡,单击"排序和筛选"组中"高级"命令,打开"高级筛选"对话框,如图 3-53 所示。同时数据清单区域被自动选定,数据清单区域周围出现虚线选定框,表示默认为定义查询的"列表区域"。

5. 单击"条件区域"编辑框旁边的折叠按钮,拖动鼠标选中单元格区域 D24: H29。

6. 在"高级筛选"对话框中,选择"将筛选结果复制到其他位置"单选按钮,激活"复制到"编辑框,选择起始单元格 A31。

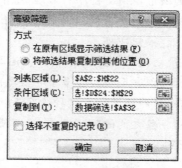

图 3－53　高级筛选对话框

7. 单击"确定"按钮,数据记录最后筛选结果如图 3－42 所示。

8. 单击"保存"按钮将文档保存。

> ✎说明:
>
> 在进行高级筛选中,需要注意以下几点:
>
> (1) 在高级筛选中,主要定义 3 个单元格区域:一是定义查询的列表区域;二是定义查询的条件区域;三是定义存放查询结果的区域(如果选择"在原有区域显示筛选结果"选项,则该区域可省略)。当这些区域都定义好后,便可以进行高级筛选了。
>
> (2) 在高级筛选中,条件区域的定义最为复杂,条件的设置必须遵循以下原则:
>
> ● 条件区域与数据清单区域之间必须有空白行或空白列隔开。
>
> ● 条件区域至少应该有两行,第一行用来设置字段名,下面的行则放置筛选条件。
>
> ● 在条件区域中不一定要包含工作表中的所有字段,但条件区域中的字段必须是工作表中的字段,最好通过复制得到,以免出错。
>
> ●"与"关系的条件在同一行上,"或"关系不能出现在同一行。
>
> (3) 在"高级筛选"对话框中选择"将筛选结果复制到其他位置"时,在"复制到"编辑框中只要选择将来要放置位置的左上角单元格即可,不要指定区域,因为事先无法确定筛选结果。
>
> (4) 如果通过隐藏不符合条件的数据行来筛选数据清单,可在"高级筛选"对话框中选择"在原有区域显示筛选结果"。这时,如果要恢复数据清单的原状,只要选择"数据"选项卡,单击"排序和筛选"组中"清除"按钮就可以了。

工序 4:分类汇总

在"分类汇总"工作表中统计男女同学各科课程的最高分。

1. 先对数据清单中的记录按分类字段排序,选取"性别"列的任一单元格,选择"数据"选项卡,单击"排序和筛选"组中"升序"按钮,按"性别"排序后的数据如图 3－54 所示。

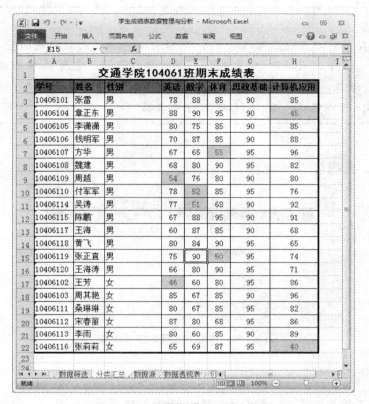

图 3 - 54　按"性别"进行排序结果

2. 选取数据区域中的任一单元格,选择"数据"选项卡,单击"分类显示"组中的"分类汇总"命令,出现"分类汇总"对话框,在"分类字段"中选择"性别","汇总方式"为"最大值",在"选定汇总项"中选择需要汇总的字段,这里选择"英语"、"数学"、"体育"、"思政基础",如图3 - 55 所示。单击"确定"按钮,汇总结果如图 3 - 46 所示。

图 3 - 55　分类汇总对话框

3. 单击"保存"按钮,将文档保存。

说明:

　　单击汇总结果窗口左边里侧的"一"号,将按分类字段进行记录的折叠,折叠后"一"号变称"十"号,如图 3－56 所示,单击"十"号还可以还原。也可以单击窗口左上角的"1"、"2"、"3"分级显示符号,单击①可以直接显示一级汇总数据,单击②可以显示一级和二级数据,单出③可以显示一级、二级、三级全部数据。

图 3－56　折叠方式显示汇总结果

小技巧:

　　进行分类汇总后数据表的形式改变了,如果需要回到原始的状态,可以选中"分类汇总"数据区的任意单元格,在打开的"分类汇总"对话框中,单击"全部删除"按钮,即删除现有的分类回到原始数据状态。

注意:

　　"分类汇总"含有两层意思:按什么分类及对什么汇总,因此在进行"分类汇总"前,必须先对分类字段行排序。

工序 5:数据透视表

用数据透视表查看不同地方、不同性别同学的英语平均值。

　　1. 复制"格式化数据"工作表,生成新的工作表"数据源"。在"数据源"工作表中添加一列"家庭住址"如图 3－57 所示。

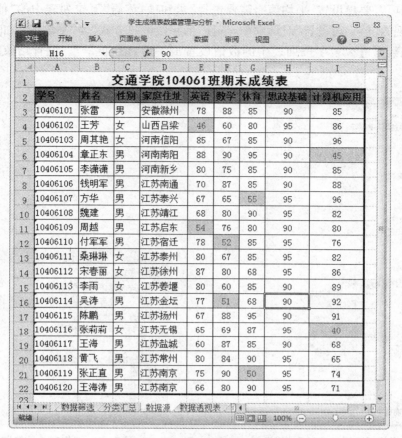

图 3 - 57 "数据透视表"源数据

2. 单击"插入"选项卡,在"表格"组中选择"数据透视表"下拉列表中的"数据透视表"命令,打开"创建数据透视表"对话框,进行如图 3 - 58 所示的设置,选择数据透视表显示的位置。选择"现有工作表",确定数据透视表存放的位置,选中"数据透视表"的单元格 A1,单击"确定"按钮。

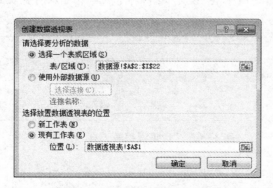

图 3 - 58 "创建数据透视表"对话框

3. 在上一步单击"确定"之后出现"数据透视表字段列表",进行如图 3 - 59 所示的设置,分别将字段按钮拖入报表筛选、行标签、列标签位置,将汇总的字段拖入数据区,这里默认的是"求和项",要想设置"平均值",需要选择"求和项：英语"下拉列表中的"值字段设置"命令。在出现的"值字段设置"对话框中,选择"值字段汇总方式"为"平均值",如图 3－60 所示,这样就把数据透视表字段列表中的数值设置成"平均值：英语"。设置结束后结果如图3－47 所示。

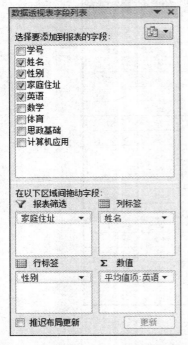

图 3－59　"数据透视表字段列表"设置

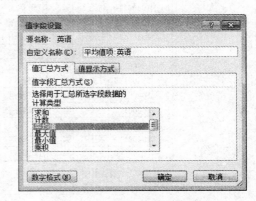

图 3－60　"值字段设置"对话框

4. 单击"保存"按钮将文档保存。

> **说明：**
>
> 创建数据透视表时,Excel 2010 会自动打开"数据透视表工具",如图 3－61 所示。在这个菜单中有"选项"选项卡和"设计"选项卡,在其中可以对数据透视表做各种各样的设置。

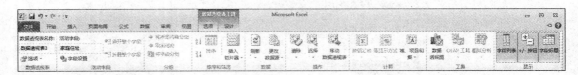

图 3－61　"数据透视表工具"菜单栏

知识链接

Excel 2010 具有强大的数据管理功能。在 Excel 2010 中可以对数据进行排序、筛选和分类汇总等操作,进行数据处理可以方便管理,同时也方便使用,因此数据管理是 Excel 2010 的重点知识。由于 Excel 中的各种数据管理操作都具有广泛的应用价值,所以只有全面了解和掌握数据管理方法才能有效提高数据管理水平。

1. 数据清单

在 Excel 中建立的数据库称为数据清单，可以通过创建一个数据清单来管理数据。数据清单是指工作表中包含相关数据的一系列数据行，可以理解成工作表中的一张二维表格，例如我们在前面建立的成绩表。在执行数据库操作，如排序、筛选、或分类汇总等时，Excel 会自动将数据清单视为数据库，并使用下列数据清单元素来组织数据：

- 数据清单中的列是数据库中的字段。
- 数据清单中的列标题是数据库中的字段名称。
- 数据清单中的每一行对应数据库中的一条记录。

数据清单应该满足下列条件：

- 每一列必须要有列名，而且每一列中的数据必须是相同类型的。
- 避免在一个工作表中有多个数据清单。
- 数据清单与其他数据间至少留出一个空白列和一个空白行。

2. 排序

建立数据清单时，各记录按照输入的先后次序排列。但是，当直接从数据清单中查找需要的信息时就很不方便。为了提高查找效率需要重新整理数据，其中最有效的方法就是对数据进行排序。排序是数据库的基本操作。数据排序是将数据清单列表中的数据按照一个或者多个数据列进行升序或者降序排序。排序不会改变每一行本身的内容，改变的只是它在数据清单中显示的位置。

Excel 2010 能够使数据清单中的记录按照某些字段进行排序，排序所依据的字段成为"关键字"，最多可以有三个关键字，依次称为"主要关键字"、"次要关键字"、"第三关键字"。先根据主要关键字进行排序，若遇到因某些行的主要关键字的值相同而无法区分它们的顺序时，再根据次要关键字的值进行区分，若还相同，则根据第三关键字区分。

3. 筛选

"筛选"顾名思义即是在工作表中只显示满足给定条件的数据，而不满足条件的数据将不显示。因此，筛选是一种用于查找数据清单中满足给定条件的快速方法。它与排序不同，它并不重排数据清单，而只是将不必显示的行暂时隐藏。用户可以使用"自动筛选"或"高级筛选"功能将那些符合条件的数据显示在工作表中。Excel 2010 在筛选行时，可以对清单子集进行编辑、设置格式、制作图表和打印，而不必重新排列或移动。

（1）自动筛选

自动筛选是一种快速的筛选方法，用户可以通过它快速地访问大量数据，从中选出满足条件的记录并将其显示出来，隐藏那些不满足条件的数据，此种方法只适用于条件较简单的筛选。

（2）高级筛选

对于比较复杂的筛选，可以使用"高级筛选"命令完成。使用高级筛选时，必须先建立一个条件区域。在条件区域中输入筛选数据要满足的条件，在条件区域中不一定要包含工作表中的所有字段，但条件区域中的字段必须是工作表中的字段，在字段下面输入筛选条件。筛选条件的输入方法：筛选条件中用到的字段名，尤其是当字段名中含有空格时，为了确保完全相同，应采用单元格复制的方法复制到条件区域中，以免出错。筛选条件的基本输入规则:条件中用到的字段名在同一行中且连续,在其下方输入条件值,"与"关系写在同一行上,"或"关系写在同一列上。

4. 分类汇总

分类汇总是对数据清单上的数据进行分析的一种常用方法,Excel 2010 可以使用函数实现分类和汇总值计算,"分类汇总"是指把数据清单中的记录先根据某个字段进行分组(该字段称为"分类字段"),然后对每组记录求另一个字段的数据汇总(该字段称为"汇总项"),汇总方式有很多,常用的有求和、求平均值、求最大值、求最小值、计数等。汇总计算出的结果将分级显示。

分类汇总是将数据清单中的某个关键字段进行分类,相同值的分为一类,然后对各类进行汇总。在进行自动分类汇总之前,必须对数据清单进行排序,并且数据清单的第一行里必须有列标记。利用自动分类汇总功能可以对一项或多项指标进行汇总。

5. 数据透视表

数据透视表是用于快速汇总大量数据和建立交叉列表的交互式表格,可以用于对现有工作表进行汇总和分析。创建数据透视表后,可以按不同的需要、依照不同的关系来提取和组织数据。

6. 合并计算

Excel 2010 的"合并计算"功能可以汇总或者合并多个数据源区域中的数据。合并计算的数据源区域可以是同一工作表中的不同表格,也可以是同一工作簿中的不同工作表,还可以是不同工作簿中的表格。

在如图 3-62 所示中有两个结构相同的数据表"上半年数据"和"下半年数据",利用合并计算进行合并汇总:

(1)选中 A11 单元格,作为合并计算后结果的存放起始位置,再单击"数据"选项卡"数据工具"命令组的"合并计算"命令按钮,打开"合并计算"对话框,如图 3-63 所示。

(2)激活"引用位置"编辑框,选中"上半年数据"的 A3:C5 单元格区域,然后在"合并计算"对话框中单击"添加"按钮,所引用的单元格区域地址会出现在"所有引用位置"列表框中。使用同样的方法将"下半年数据"的 E3:G5 单元格区域添加到"所有引用位置"列表框中。

(3)勾选"最左列"复选框,这里不用勾选"首行"复选框(源表中已输入),然后单击"确定"按钮,即可生成合并计算结果表,如图 3-64 所示。

	A	B	C	D	E	F	G
		上半年数据				下半年数据	
	城市	数量	金额		城市	数量	金额
	南京	1000	2000		南京	2000	4000
	北京	500	800		北京	600	960
	上海	1200	2400		上海	1500	3000
		全年数据					
	城市	数量	金额				

图 3-62 "合并计算"原始数据

图 3-63 "合并计算"对话框

A	B	C	D	E	F	G
	上半年数据				下半年数据	
城市	数量	金额		城市	数量	金额
南京	1000	2000		南京	2000	4000
北京	500	800		北京	600	960
上海	1200	2400		上海	1500	3000
	全年数据					
城市	数量	金额				
南京	3000	6000				
北京	1100	1760				
上海	2700	5400				

图 3-64 "合并计算"结果

☞**注意:**

(1) 在使用按类别合并的功能时,数据源列表必须包含行或列标题,并且在"合并计算"对话框的"标签位置"组合框中勾选相应的复选框。

(2) 合并的结果表中包含行列标题,但在同时选中"首行"和"最左列"复选项时,所生成的合并结果表会缺失第一列的列标题。

(3) 合并后,结果表的数据项排列顺序是按第一个数据源表的数据项顺序排列的。

(4) 合并计算过程不能复制数据源表的格式。如果要设置结果表的格式,可以使用"格式刷"将数据源表的格式复制到结果表中。

任务5 学生成绩单的打印

任务描述

班主任张老师要求班长把学生成绩评定表打印出来给他看,打印出来的效果如图 3-65 所示。

交通学院					104061班				成绩表	
交通学院104061班期末成绩表										
学号	姓名	性别	语文	数学	哲学	体育	思想品德	计算机应用	总分	名次
10406101	张雷	男	78	88	85	90	85		425	2
10406102	王芳	女	45	60	90	95	85		367	19
10406103	周其艳	女	85	67	85	90	96		423	3
10406104	常正东	男	88	90	95	90		45	408	10
10406105	李洪涛	男	80	75	85	90	85		415	6
10406106	钱明军	男	70	37	85	90	88		420	4
10406107	方华	男	67	65	85	95	96		378	17
10406108	倪建	男	68	90	90	95	82		415	6
10406109	周越	男	54	76	90	90	90		380	16
10406110	付军军	男	78	82	85	95	75		395	14
10406111	桑琳琳	女	90	67	85	95	82		409	9
10406112	宋春丽	女	87	90	68	95	95		415	5
10406113	李雨	女	90	60	85	90	89		404	11
10406114	吴涛	男	77	81	68	90	92		378	17
10406115	陈鹏	男	67	88	95	90	91		431	1
10406116	张莉莉	女	65	69	87	95		40	356	20
10406117	王海	男	60	37	85	90	68		390	13
10406118	黄飞	男	90	84	90	95		65	414	8
10406119	张正宜	男	75	90	50	95	74		384	15
10406120	王海涛	男	66	90	90	95	71		402	12
各科平均分			72.5	74.8	81.4	92.5	78.85			

制作人:XX　　　　2015/7/15　　　　1

图 3 - 65　"学生成绩表"最终打印效果

任务实施

将任务 2 完成的"学生成绩评定. xlsx"中"格式化数据"工作表进行打印。

工序 1:页面设置

设置"格式化数据"工作表的格式,并进行页面设置。

1. 打开任务 2 完成的"学生成绩评定. xlsx"工作簿文件,选择"格式化数据"工作表。

2. 对"格式化数据"工作表进行格式设置,设置如图 3 - 66 所示。

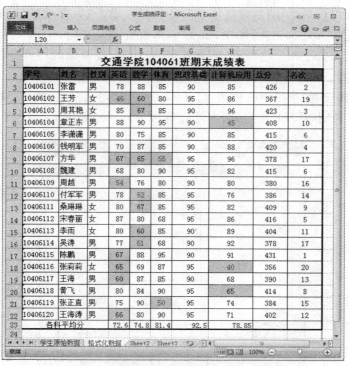

图 3-66　格式化后的"格式化数据"工作表

3. 切换到"页面布局"选项卡,单击"页面设置"组中的"纸张大小"按钮,从下拉列表框中选择纸张类型"A4",如图 3-67 所示。

图 3-67　设置纸张大小的命令

4. 工作表中出现横、竖两条虚线示意打印区域。单击"页面设置"组的"页边距"按钮，从下拉列表框选择"自定义边距"命令，出现"页面设置"对话框。

5. 设置完纸张大小和页边距后，再调整行高、列宽，使其最大程度地占满页面空间，但不超出虚线的范围。

6. 单击"页面设置"选项组的按钮，打开"页面设置"对话框，切换到"页边距"选项卡，在"居中方式"栏选中"水平"和"垂直"两个复选项，如图 3－68 所示。

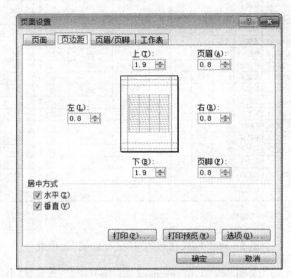

图 3－68　"页面设置"对话框中的"页边距"选项卡

7. 将"页面设置"对话框切换到"页眉/页脚"选项卡，单击"自定义页眉"按钮，弹出"页眉"对话框，在"左"文本框中输入"交通学院"，在"中"文本框中输入"104061 班"，在"右"文本框中输入"成绩表"单击"确定"按钮，如图 3－69 所示。

图 3－69　"页眉"对话框

8. 切换到"页眉/页脚"选项卡，单击"自定义页脚"，在"左"文本框中输入："制作人：XX"，在"中"文本框中插入当前日期（直接单击上面相关按钮），在"右"文本框中插入当前页码（直接单击上面相关按钮），单击"确定"按钮，如图 3－70 所示。

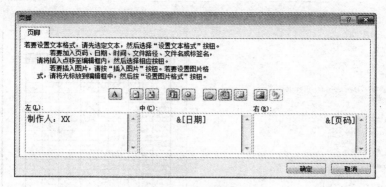

图 3-70　"页脚"对话框

9. 切换到"页眉/页脚"对话框,现在"页面设置"对话框界面如图 3-71 所示。

图 3-71　"页面设置"对话框的"页眉/页脚"选项卡

10. 再单击"打印预览"按钮,"打印预览"效果如图 3-65 所示。

工序 2:打印

把工序 1 设置好的表格打印。

如果用户对在打印预览窗口中看到的效果非常满意,就可以选择"文件"选项中的"打印"命令或者在打印预览视图中单击"打印"按钮,如图 3-72 所示。进行"打印范围"、"打印内容"和"份数"等设置后,单击"确定"按钮即可开始打印。如果还需对表格进行修改,可切换到"开始"标签返回工作表的普通视图进行修改。

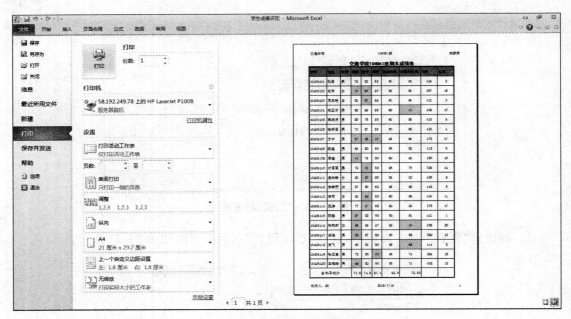

图 3 - 72 "打印内容"对话框

> **✎说明：**
>
> （1）在打印时，可以在打印对话框中选择"页面设置"命令，在出现的对话框中选择"工作表"选项卡，如图 3 - 73 所示。如果要打印某个区域，则可以在"打印区域"文本框中输入或直接选择要打印的区域。如果打印的内容较长，需要打印在两张纸上，而又要求在第二页上具有与第一页相同的行标题和列标题，则在"打印标题"框中的"顶端标题行"和"左端标题列"中分别制定标题行和标题列的行和列，还可以制定打印顺序等。

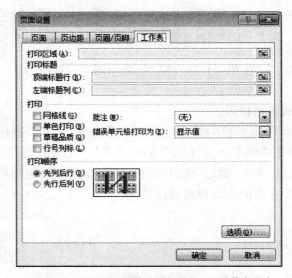

图 3 - 73 "页面设置"对话框的"工作表"选项卡

（2）当文件超过一页时，Excel 2010 自动用分页符将文件分页。选择"视图"选项卡中"工作簿视图"组中的"分页预览"命令，可以从工作表的常规视图切换到分页预览视图，如图 3-74 所示。在分页视图中，蓝色框线是 Excel 自动产生的分页符，分页符包围的部分就是系统根据工作表中内容自动产生的打印区域。用户将鼠标指向分页符所在位置的蓝色框线，当鼠标变为双向箭头状时，拖动鼠标可以改变分页符的位置。此外用户还可以在工作表中人为插入分页符，将文件强制分页。

图 3-74　分页预览视图

综合训练

公司的管理者通常在年终时会对公司的财务情况进行分析统计，而统计公司各子公司部门的利润情况又是整个财务统计里最为核心的一块。怎样很好的利用计算机使公司管理者能够方便地统计这些利润数据呢？这就要利用 Excel 强大的表格处理功能。如图 3-75 和图 3-76 所示的年度利润表和统计图表，现在就来学习如何制作这些统计表格和图表。

制作思路：首先输入基本数据，制作 A 公司的年度利润表格，再利用公式对利润表格进行各季度求和统计、计算等级并进行分类汇总、自动套用格式，最后根据源表制作柱形图表。

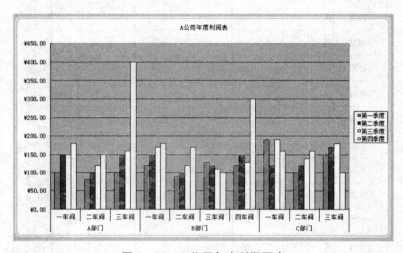

图 3 - 75 　A 公司年度利润表

图 3 - 76 　A 公司年度利润图表

1. 输入表格基本数据,将 Sheet1 工作表重命名为"A 公司年度利润表",然后在该工作表中输入如图 3 - 77 所示的基本数据。

	A	B	C	D	E	F
1	A公司年度利润表					
2	部门	车间	第一季度	第二季度	第三季度	第四季度
3	A部门	一车间	100	150	150	180
4	A部门	二车间	80	100	120	150
5	A部门	三车间	100	150	160	400
6	B部门	一车间	120	150	170	180
7	B部门	二车间	90	100	120	170
8	B部门	三车间	130	120	110	100
9	B部门	四车间	120	150	130	300
10	C部门	一车间	190	120	190	160
11	C部门	二车间	100	120	140	160
12	C部门	三车间	150	170	180	100
13						
14						

图 3 - 77 　输入基本数据

2. 对各车间进行个季度利润求和统计、按总利润计算等级,如图 3 - 78 所示。

(1) 在 G2 和 H2 列分别输入"总和"、"等级"列标头;

(2) 在 G3:G12 中计算总和;

（3）在 H3：H12 中计算等级。

	A	B	C	D	E	F	G	H
1	A公司年度利润表							
2	部门	车间	第一季度	第二季度	第三季度	第四季度	总和	等级
3	A部门	一车间	100	150	150	180	580	一般
4	A部门	二车间	80	100	120	150	450	一般
5	A部门	三车间	100	150	160	400	810	优秀
6	B部门	一车间	120	150	170	180	620	优秀
7	B部门	二车间	90	100	120	170	480	一般
8	B部门	三车间	130	120	110	100	460	一般
9	B部门	四车间	120	150	130	300	700	优秀
10	C部门	一车间	190	120	190	160	660	优秀
11	C部门	二车间	100	120	140	160	520	一般
12	C部门	三车间	150	170	180	100	600	一般
13								

图 3-78　正在编辑中的"A 公司年度利润表"

3. 按部门对利润表进行分类汇总。

设置分类字段为"部门"，汇总方式为"求和"，选定汇总项为"第一季度"、"第二季度"、"第三季度"、"第四季度"、"总和"，结果如图 3-79 所示。

	A	B	C	D	E	F	G	H
1	A公司年度利润表							
2	部门	车间	第一季度	第二季度	第三季度	第四季度	总和	等级
3	A部门	一车间	100	150	150	180	580	一般
4	A部门	二车间	80	100	120	150	450	一般
5	A部门	三车间	100	150	160	400	810	优秀
6	A部门 汇总		280	400	430	730	1840	
7	B部门	一车间	120	150	170	180	620	优秀
8	B部门	二车间	90	100	120	170	480	一般
9	B部门	三车间	130	120	110	100	460	一般
10	B部门	四车间	120	150	130	300	700	优秀
11	B部门 汇总		460	520	530	750	2260	
12	C部门	一车间	190	120	190	160	660	优秀
13	C部门	二车间	100	120	140	160	520	一般
14	C部门	三车间	150	170	180	100	600	一般
15	C部门 汇总		440	410	510	420	1780	
16	总计		1180	1330	1470	1900	5880	

图 3-79　对"A 公司年度利润表"进行分类汇总

4. 对表格进行格式化。

（1）套用表格格式"表样式中等深浅 8"，进行格式设置，如图 3-80 所示。

	A	B	C	D	E	F	G	H
1	A公司年度利润表							
2	部门	车间	第一季度	第二季度	第三季度	第四季度	总和	等级
3	A部门	一车间	100	150	150	180	580	一般
4	A部门	二车间	80	100	120	150	450	一般
5	A部门	三车间	100	150	160	400	810	优秀
6	A部门 汇总		280	400	430	730	1840	
7	B部门	一车间	120	150	170	180	620	优秀
8	B部门	二车间	90	100	120	170	480	一般
9	B部门	三车间	130	120	110	100	460	一般
10	B部门	四车间	120	150	130	300	700	优秀
11	B部门 汇总		460	520	530	750	2260	
12	C部门	一车间	190	120	190	160	660	优秀
13	C部门	二车间	100	120	140	160	520	一般
14	C部门	三车间	150	170	180	100	600	一般
15	C部门 汇总		440	410	510	420	1780	
16	总计		1180	1330	1470	1900	5880	

图 3-80　A 公司利润表进行"自动套用格式"

（2）手动对表格进行局部格式化，其效果如图 3-75 所示。

5. 制作柱形图表。

图表生成中选择图表类型为"柱形图"，子图表类型为"簇状柱形图"。最后生成新的工作表"A 公司年度利润图表"，如图 3-76 所示。

6. 保存并退出。

模块 4　PowerPoint 2010 应用

毕业论文答辩是一种比较正规的审查论文的重要形式。在举行答辩会前,答辩者要做好充分的准备。为了在答辩会上充分表现出自己的专业水平,答辩者除了要携带论文的底稿和主要参考资料外,准备好一份精彩、简洁的答辩演讲稿是十分重要的。本模块以某毕业生的毕业论文答辩演讲稿为例,通过 5 个具体任务的实现,全面讲解 Microsoft Office 2010 办公组件中演示文稿制作软件 PowerPoint 2010 的应用。通过本模块的学习,能使读者系统掌握 PowerPoint 的使用方法和应用技巧,并能应用该软件完成演示文稿的编辑与排版工作,满足日常办公所需,为各行各业服务。

学习目标

(1) 掌握 PowerPoint 2010 演示文稿的创建;
(2) 掌握 PowerPoint 2010 演示文稿中文本的编辑与格式化;
(3) 掌握 PowerPoint 2010 演示文稿中图片、表格、图表以及多媒体文件的插入;
(4) 掌握 PowerPoint 2010 演示文稿中母版、设计模板和配色方案的选用;
(5) 掌握 PowerPoint 2010 演示文稿中动画效果以及放映效果的设计使用;
(6) 掌握 PowerPoint 2010 演示文稿中幻灯片的打印与输出。

任务 1　创建演示文稿

任务描述

钱彬通过个人的努力并与指导老师的多次沟通,终于在返校论文答辩之前完成了毕业论文。为了在论文答辩的时候能够充分展示出自己的专业水平,他选择用 PowerPoint 制作毕业答辩演讲稿,概要、生动地阐述论文的主要论点、论据和写作体会以及本议题的理论意义和实践意义。完成效果如图 4-1 所示。

图 4-1　毕业答辩演讲稿效果

任务实施

工序 1：创建演示文稿

创建演示文稿，并将文件保存在 D 盘根目录下，文件名为"毕业答辩演讲稿"。

1. 启动 PowerPoint 2010，单击"文件"选项卡"新建"命令，在弹出的"可用的模板和主题"任务窗格中选择"空演示文稿"，单击"创建"按钮，如图 4-2 所示。

图 4-2　创建演示文稿

2. 窗口中显示一个空白新幻灯片,默认版式为"标题幻灯片",如图4-3所示。该版式预设了两个占位符:主标题区和副标题区。

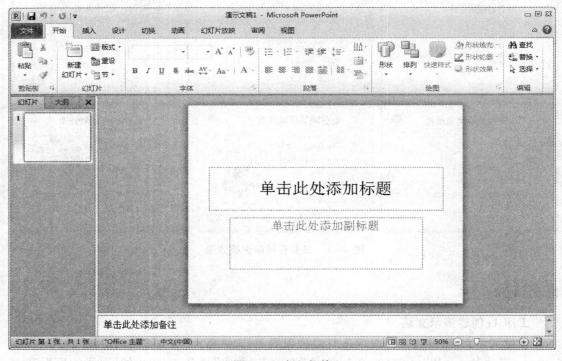

图4-3 新幻灯片

3. 单击"文件"选项卡"保存"命令,在打开的"另存为"对话框中输入文件名为"毕业答辩演讲稿",保存类型为"PowerPoint 演示文稿(＊.pptx)",保存路径为 D 盘根目录,单击"保存"按钮,如图4-4所示。

图4-4 "保存演示文稿"对话框

✍说明：

（1）新建演示文稿还可以根据现有演示文稿进行操作

我们可以在已经书写和设计过的演示文稿基础上创建演示文稿。使用此命令创建现有演示文稿的副本，以对新演示文稿进行设计或内容更改。

（2）PowerPoint 2010 保存演示文稿文件时，还可以保存成为设计模板、网页文件、放映文件、低版本的 PowerPoint 文件等多种类型。还可以将演示文稿中的幻灯片直接输出成为 GIF 文件。

工序 2：插入新幻灯片

在当前演示文稿中添加另外三张幻灯片。

1. 切换到"开始"选项卡，单击"幻灯片"组中"新建幻灯片"命令按钮右下角的箭头，打开 Office 主题版式库，如图 4-5 所示。该库显示了各种可用幻灯片布局的缩略图，单击"标题与内容"布局，插入新幻灯片，如图 4-6 所示。

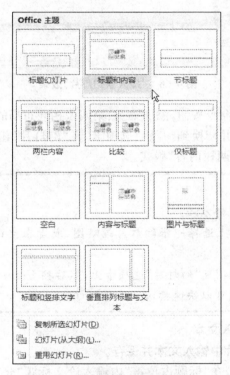

图 4-5　Office 主题版式

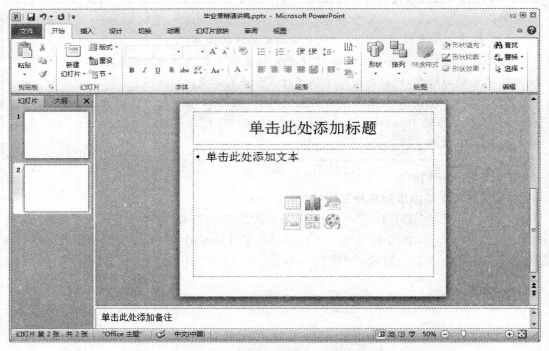

图 4-6 "插入新幻灯片"效果

2. 单击"新建幻灯片"命令按钮,添加第三、第四张相同布局的幻灯片。

3. 选择第三张幻灯片并切换到"开始"选项卡,在"幻灯片"组中单击"版式"命令按钮,在弹出的版式列表中选择"两栏内容"版式。

> **说明:**
>
> 插入新幻灯片还有多种方法:
> - 在"幻灯片"选项卡上选择一张幻灯片缩略图,或者在空白处右击,在快捷菜单上选择"新建幻灯片"。
> - 将插入点放在"大纲"或"幻灯片"选项卡上,然后按 Enter 键确认。
> - 按 Ctrl+M 快捷键可以快速插入一张新幻灯片。

工序 3:在幻灯片中输入文本

在已创建的 4 张幻灯片中输入文本并保存。

1. 选择第一张幻灯片,在"标题占位符"内输入论文标题"北京拓尔思信息技术股份有限公司网站设计",在"副标题占位符"内输入专业、班级、姓名。

2. 依次选择第二、三、四张幻灯片,在"标题占位符"和文本区内输入如图 4-7 所示内容。

图 4-7　幻灯片内容

工序 4：文本格式设置

选择第一张幻灯片，要求标题为宋体、44 号、加粗、行距 1.5 倍，副标题文字左对齐、中文字体楷体、英文字体 Times New Roman、30 号、加粗、行距 1 倍；另三张幻灯片的标题为黑体、36 号、加粗。

1. 选择第一张幻灯片，选择标题，切换到"开始"选项卡，单击"字体"组右下角的箭头，打开"字体"对话框，设置宋体、44 号、加粗，如图 4-8 所示。

图 4-8　"字体"对话框

2. 切换到"开始"选项卡，单击"段落"组右下角的箭头，打开"段落"对话框，设置行距 1.5 倍，如图 4-9 所示。

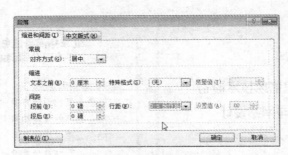

图 4-9 "段落"对话框

3. 选择副标题,切换到"开始"选项卡,单击"字体"组右下角的箭头,打开"字体"对话框,设置中文字体楷体、英文字体 Times New Roman、30 号、加粗。

4. 切换到"开始"选项卡,单击"段落"组右下角的箭头,打开"段落"对话框,设置常规对齐方式"左对齐",行距 1 倍。

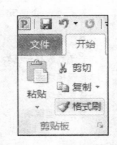

5. 单击第二张幻灯片,选中标题,切换到"开始"选项卡,单击"字体"组右下角的箭头,打开"字体"对话框,设置黑体、36 号、加粗。

6. 双击"开始"选项卡"剪贴板"组中的"格式刷"按钮,如图 4-10 所示。然后依次单击第三、四张幻灯片的标题。设置完成后,单击格式刷按钮,完成格式复制。

图 4-10 "格式刷"按钮

工序 5:项目符号设置

设置幻灯片中的项目符号为红色⊗,并设置行距为 1.3 倍。

1. 选择第二张幻灯片,切换到"开始"选项卡,单击"段落"组中"项目编号"命令按钮,在弹出的选项组里单击"项目符号和编号"命令,打开"项目符号和编号"对话框,单击对话框中任一种项目符号,如图 4-11 所示。

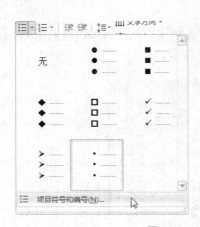
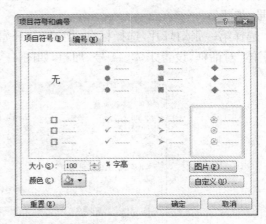

图 4-11 "项目符号和编号"对话框

2. 在颜色下拉列表中选择红色,单击"自定义"按钮,在弹出的"符号"窗口中选择⊗,如图 4-12 所示。单击"确定"按钮,完成项目符号的设置。

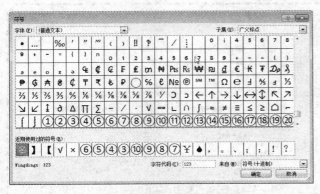

图 4-12　"符号"窗口   图 4-13　项目符号效果图

3. 切换到"开始"选项卡,单击"段落"组旁边的箭头,打开"段落"对话框,设置行距1.3倍,如图 4-13 所示。

4. 重复(1)~(3)的操作,完成第三张幻灯片的项目符号设置。

✍说明:

(1) 当演示文稿中包含多张幻灯片,在添加内容时需要在这些幻灯片之间切换。可以使用如下方法之一:

● 单击"幻灯片"选项卡上的幻灯片缩略图以显示该幻灯片。

● 在幻灯片右侧的滚动条底部,单击"上一张幻灯片"按钮或"下一张幻灯片"按钮。

● 按 Page Up 键或 Page Down 键。

(2) 段落设置

在 PowerPoint 中设置段落格式的方法与 Word 有区别:在 Word 中"段落"对话框中包含功能更详细,而在 PowerPoint 中只包含常规对齐方式、缩进、间距、中文版式的设置。

(3) 在幻灯片中输入文本,除了在文本占位符中输入文本外,还可以在大纲区中输入文本或通过插入文本框输入文本。

(4) 移动幻灯片

当发现幻灯片的顺序需要调整时,可以采用如下方法:

● 单击"视图"选项卡"演示文稿视图"组中"幻灯片浏览",使得幻灯片以缩略图的形式显示,如图 4-14 所示。

● 单击张幻灯片,按下鼠标左键进行拖动。

● 当插入线出现在目标位置,松开鼠标,使所选幻灯片移动到该位置。

幻灯片的移动也可以使用"剪贴"、"粘贴"命令,或者使用"Ctrl+X"和"Ctrl+V"快捷键。

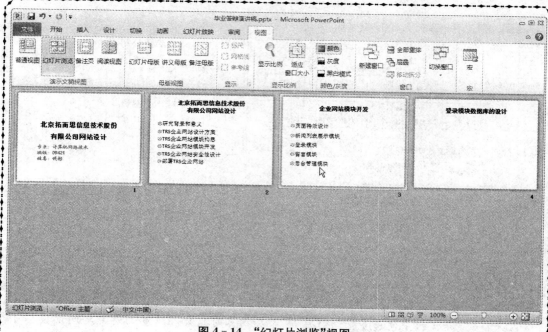

图 4-14 "幻灯片浏览"视图

（5）复制幻灯片

复制幻灯片可以在同一个演示文稿中进行，也可以在不同的演示文稿中进行。在同一演示文稿中复制幻灯片的操作步骤如下：

● 选中要复制的幻灯片，单击鼠标右键，在弹出的快捷菜单中选择"复制"命令，或单击"开始"选项卡"剪贴板"组中的"复制"按钮，或执行"Ctrl+C"快捷键。

● 选择要复制的目标位置，单击鼠标右键，在快捷菜单中选择"粘贴"命令即可。

● 同一演示文稿中复制幻灯片更方便的方法是：选中要复制的幻灯片，按住"Ctrl"键将其拖动到要复制的目标位置即可。

（6）删除幻灯片

选中要删除的幻灯片，单击"Delete"键，或者在右击弹出快捷菜单栏中选择"删除幻灯片"命令即可。

工序 6：设置幻灯片的页眉页脚

设置所有幻灯片的页脚部分显示当前日期和幻灯片的编号。

1. 切换到"插入"选项卡，单击"文本"组中"页眉和页脚"命令按钮，如图 4-15 所示，打开"页眉和页脚对话框"。

图 4-15 "页眉页脚"按钮

2. 在"页眉和页脚"对话框的"幻灯片"选项卡里选择"日期和时间"自动更新,选择"幻灯片编号"。

3. 单击"全部应用"按钮,关闭"页眉页脚"对话框,效果如图 4-17 所示。

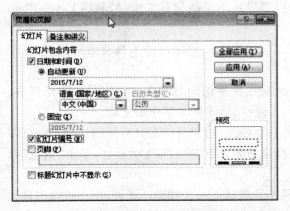

图 4-16　"页眉页脚"对话框

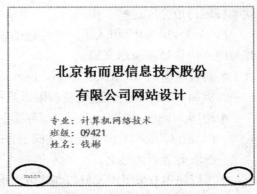

图 4-17　页眉页脚设置效果

4. 单击"快速访问工具栏"中的"保存"按钮,如图 4-18 所示,保存演示文稿。

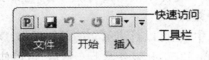

图 4-18　快速访问工具栏

🔊 **说明:**

　　页眉和页脚包含页眉和页脚文本、幻灯片号码或页码以及日期,它们出现在幻灯片或备注及讲义的顶端或底端。

● 若要添加固定日期和时间,则单击"固定",然后键入日期和时间。

● 若要添加编号,单击"幻灯片编号"。当删除或增加幻灯片时,编号会自动更新。

● 若要添加页脚文本,单击"页脚",再键入文本。

● 若要只向当前幻灯片或所选的幻灯片添加信息,单击"应用"按钮。

● 若要向演示文稿中的每个幻灯片添加信息,单击"全部应用"按钮。

● 若不想使信息出现在标题幻灯片上,请选中"标题幻灯片中不显示"复选框。

知识链接

　　PowerPoint 2010 是 Microsoft Office 2010 系列软件包中的一个重要组件,是当前最流行的制作演示文稿的软件之一。由于其图文声形并茂的表现方式和简单易行的操作环境,PowerPoint 已经成为学术交流、产品展示、工作汇报、网络会议和个人求职等场合不可缺少的工具。

　　我们利用 PowerPoint 制作的全部内容通常被保存在一个文件中,称之为演示文稿,其扩展名为".pptx"。演示文稿由一张张幻灯片组成,可以输入文字、插入表格、图表、图像等;

可以添加多种多媒体对象,如声音 CD 乐曲、影片、MP3 等;还可以设置动画效果和切换方式等。用 PowerPoint 2010 制作的演示文稿,不但可以用幻灯机播放,而且也可以在计算机中直接演示,或者接上投影仪通过大屏幕进行演示,还可以通过其他方式进行演示。因此,当人们需要展示一个计划,或者做一个汇报,或者进行电子教学等工作时,利用 PowerPoint 就能够轻易地完成这些工作。

PowerPoint 2010 引入了一些出色的新工具,用户可以使用这些工具有效地创建、管理并与他人协作处理演示文稿。

- 通过新增的 Microsoft Office Backstage 视图快速访问与管理文件相关的常见任务,例如,查看文档属性、设置权限以及打开、保存、打印和共享演示文稿。
- 使用 Microsoft SharePoint 服务器上的共享位置,用户可以在其方便的位置共同创作内容。Office 2010 已允许共同创作工作流方案。在"文件"选项卡上,单击"信息"以查看合著者的姓名。
- 可以使用节来组织大型幻灯片版面更易于管理且更易于导航。此外,用户可以与其他人员进行协作分为节创建标签和分组幻灯片的演示文稿。例如,每个同事可以负责准备一个单独的分区中的幻灯片。可以命名和打印整个节,也可将效果应用于整个节。
- 使用 PowerPoint 2010 中的合并和比较功能,用户可以比较当前演示文稿和其他演示文稿,并可以立即将其合并。
- 即使不在 PowerPoint 中,也可以对演示文稿进行操作。将演示文稿存储在用于承载 Microsoft Office Online 的 Web 服务器上。然后,可以使用 PowerPoint Online 在浏览器中打开演示文稿,仍可以查看文档,甚至进行更改。

PowerPoint 2010 引入了视频和照片编辑新增功能和增强功能。此外,切换效果和动画分别具有单独的选项卡,并且比以往更为平滑和丰富,还有可能带来惊喜的 SmartArt 图形到某些基于照片的新增功能。

通过 PowerPoint 2010 将视频插入演示文稿时,这些视频即已成为演示文稿文件的一部分。可以对视频剪裁视频、添加同步的重叠文本,标牌框架、书签和淡出。另外,可以像处理图片一样,设置边框、阴影、反射、发光、柔化边缘、三维旋转、棱台和其他设计器效果应用到用户的视频中。此外,当重新播放视频,所有效果也会随之增加。

1. 视图

PowerPoint 2010 提供了多种主要视图:普通视图、幻灯片浏览视图、幻灯片放映视图、阅读视图和幻灯片母版视图。每种视图各有所长,适用于不同的应用场合。

(1)普通视图

PowerPoint 启动后就直接进入普通视图方式,如图 4-19 所示。窗口被分成 3 个区域:幻灯片窗格、大纲窗格和备注窗格。拖动窗格分界线,可以调整窗格的尺寸。

在"大纲"选项卡中可以查看演示文稿的标题和主要文字,它为制作者组织内容和编写大纲提供了简明的环境,如图 4-19 所示。

在幻灯片窗格中可以查看每张幻灯片的整体布局效果,包括版式、设计模板等;还可以对幻灯片内容进行编辑,包括修饰文本格式,插入图形、声音、影片等多媒体对象,创建超级链接,以及自定义动画效果。在该窗格中一次只能编辑一张幻灯片。

使用备注窗格可以添加或查看当前幻灯片的演讲备注信息。备注信息只出现在这个窗

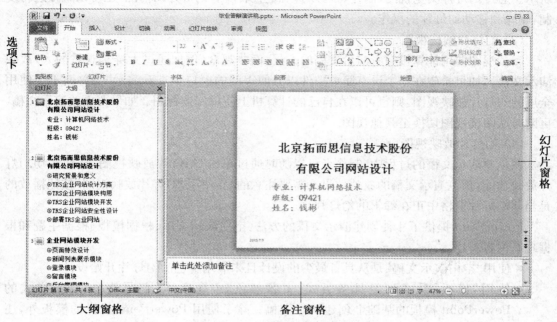

图 4-19 幻灯片普通视图

格中,在演示文稿中不会出现。可以将备注分发给观众,也可以在播放演示文稿时查看"演示者"视图中的备注。

(2) 幻灯片浏览视图

该视图方式将当前演示文稿中所有幻灯片以缩略图的形式排列在屏幕上,如图 4-20

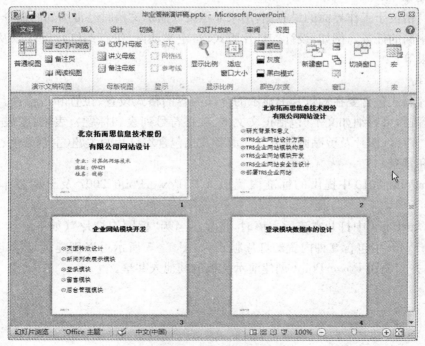

图 4-20 幻灯片浏览视图

所示。通过幻灯片浏览视图,制作者可以直观地查看所有幻灯片的情况,也可以直接进行复制、删除和移动幻灯片的操作。

(3) 幻灯片阅读视图

阅读视图向用计算机查看演示文稿的人员,而非观众(例如通过大屏幕观看的人)放映演示文稿。如果希望在一个设有简单控件以方便审阅的窗口中查看演示文稿,而不想使用全屏的幻灯片放映视图,则也可以在自己的计算机上使用阅读视图。如果要更改演示文稿,可随时从阅读视图切换至其他视图。

(4) 幻灯片放映视图

在创建演示文稿的过程中,制作者可以随时通过单击"幻灯片放映视图"按钮启动幻灯片放映功能,预览演示文稿的放映效果。需要注意的是,使用"幻灯片放映视图"按钮播放的是当前幻灯片窗格中正在编辑的幻灯片。

PowerPoint 提供了 4 种创建演示文稿的方法:空白演示文稿、根据模板、根据主题和根据现有内容新建。

- 使用"空白演示文稿"是从具备最少的设计且未应用颜色的幻灯片开始设计。
- 使用"模板"是在已经具备版式、主题颜色、主题字体、主题效果、背景样式的 PowerPoint 模板的基础上创建演示文稿。除了使用 PowerPoint 提供的模板外,还可使用自己创建的模板。
- 使用"主题"是使演示文稿具有设计器质量的外观(该外观包括一个或多个与主题颜色、匹配背景、主题字体和主题效果协调的版式)。
- 使用"根据现有内容新建"可以根据已有的演示文稿创建新文档,文件内容相同,外观使用系统默认的主题。

2. 任务窗格

任务窗格位于工作界面的最右侧,用来显示设计演示文稿时经常用到的命令,以方便处理使用频率高的任务。例如:设计幻灯片版式、自定义动画、进行幻灯片设计以及设置幻灯片切换效果等。

3. 版式

幻灯片版式包含要在幻灯片上显示的全部内容的格式设置、位置和占位符。占位符是版式中的容器,可容纳如文本(包括正文文本、项目符号列表和标题)、表格、图表、SmartArt图形、影片、声音、图片及剪贴画等内容。而版式也包含幻灯片的主题(主题颜色、主题字体、主题效果和背景)。

PowerPoint 2010 中提供的标准内置版式与 PowerPoint 2007 及早期版本中提供的类似。

在 PowerPoint 中打开空演示文稿时,将显示名为"标题幻灯片"(如下所示)的默认版式。PowerPoint 中包含 9 种内置幻灯片版式,如图 4-5 所示可以创建满足特定需求的自定义版式,并与使用 PowerPoint 创建演示文稿的其他人共享。

任务 2　对象的插入

任务描述

当钱彬设计好毕业论文答辩演讲稿的框架，在创建的幻灯片中输入相应的文本后，觉得只是以文本的形式展示自己的毕业设计项目有些不足，内容平淡。在参考了其他同学的作品后，他根据毕业设计项目文件展示的需要适当的插入一些图片、表格、图表及声音，使得展示内容形象生动。完成后的效果如图 4 - 21 所示。

图 4 - 21　对象插入效果图

任务实施

工序 1：在幻灯片中插入图片

在标题为"企业网站模块开发"的幻灯片中插入剪贴画。

1. 打开"毕业答辩演讲稿"文件，单击标题为"企业网站模块开发"的幻灯片。

2. 单击幻灯片右侧的占位符中的"剪贴画"图标，打开"剪贴画"对话框，如图 4 - 22 所示。或者选择"插入"选项卡"图像"组，单击"剪贴画"命令按钮，也可打开"剪贴画"对话框。

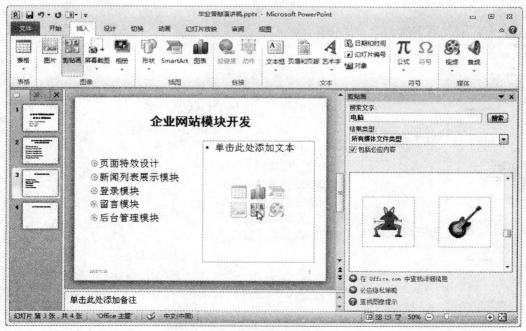

图 4 - 22　"插入剪贴画"对话框

3. 在对话框中输入搜索文字"电脑",单击"搜索"按钮,在列表框中显示出搜索到的有关电脑主题的剪贴画。

4. 在已搜索的剪贴画列表中选择一张图片,单击剪贴画右侧按钮,在弹出菜单里选择"插入"命令,即可将图片插入幻灯片的相应位置。

5. 调整图片的位置和大小,单击"快速访问工具栏"上的"保存"按钮保存演示文稿,效果如图 4-23 所示。

6. 关闭"剪贴画"对话框。

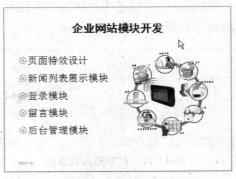

图 4-23 "插入图片"效果

工序 2:在幻灯片中插入艺术字

将第二幻灯片中的标题文字删除,添加艺术字"目录"。

1. 选择第二张幻灯片,选中标题文本框,单击"Delete"键将其删除。

2. 切换到"插入"选项卡,单击"文本"组中"艺术字"命令按钮,在弹出的"艺术字样式"中选择"渐变填充、蓝色、强调文字颜色1",如图 4-24 所示。

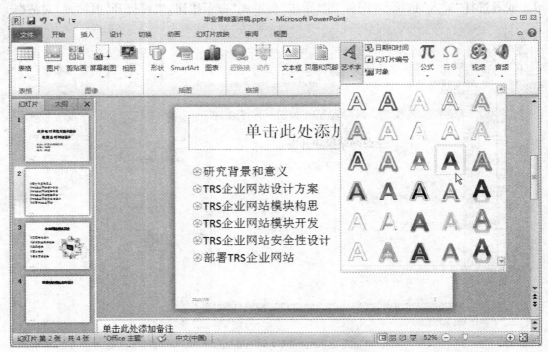

图 4-24 艺术字样式库

（3）在文本框中输入"目录"，设置字体宋体、字号 54，如图 4-25 所示。

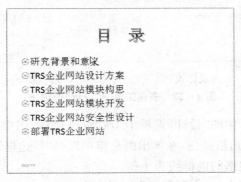

图 4-25 "插入艺术字"效果

工序 3：在幻灯片中插入表格

在第四张幻灯片中插入表格，完成表格格式设置。

1. 选择第四张幻灯片，单击其中"添加表格"占位符，打开"插入表格"对话框，如图 4-26所示。

2. 在"插入表格"对话框内输入列数为 3、行数为 8，单击确定按钮。

图 4-26 "插入表格"对话框

3. 依照表 5-1 所示，输入表格内容。

表 5-1 表格内容

字段名称	数据类型	说明
id	int	自动编号（主键）
username	char	用户名
usepwd	char	登录密码
email	char	电子邮箱
sex	char	性别
telephone	int	电话
role	int	角色

4. 选择表格，切换到"开始"选项卡，在"字体"组中设置表格中文文字为楷体、24 号字，英文字体为 Times New Roman。

5. 在"段落"组中设置表格第一、三列数据左对齐，第二列数据居中。

6. 切换到"表格工具"中的"设计"选项卡，在"表格样式"组中单击"外观样式"，在弹出的全部外观样式中选择浅色样式 3，强调 1，如图 4-27 所示。

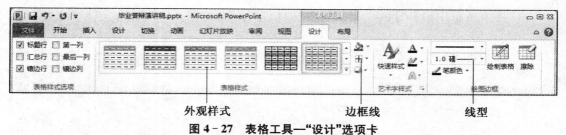

外观样式　　　　　边框线　　　　　线型

图 4－27　表格工具—"设计"选项卡

7. 切换到"表格工具"中的"设计"选项卡，在"绘图边框"组中选择线条宽度为 3 磅，单击"表格样式"组中的表格边框按钮，在弹出的菜单中选择"外边框"。

8. 相同的方法设置表格的内框线为 1 磅。

9. 切换到"表格工具"中的"布局"选项卡，在"单元格大小"组中设置表格第一、二列的列宽为 6.5 厘米，第三列的列宽为 8 厘米，如图 4－28 所示。

10. 在"对齐方式"组中设置表格文本对齐方式为垂直居中。

11. 单击"排列"组中"对齐"命令按钮，在弹出的下拉菜单中选择"左右居中"和"上下居中"命令。

图 4－28　表格工具—"布局"选项卡

工序 4：在幻灯片中添加与播放声音

为毕业答辩演讲稿配上放映时的背景音乐。

1. 选中演示文稿中的第 1 张标题幻灯片。

2. 切换到"插入"选项卡，单击"媒体"组中"音频"命令按钮，弹出"插入音频"对话框，如图 4－29 所示。

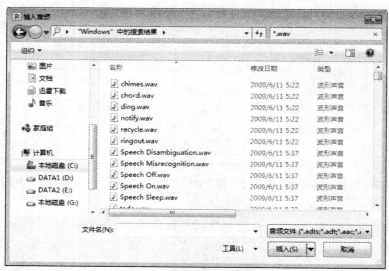

图 4－29　"插入音频"对话框

3. 选择 C 盘，打开 Windows 文件夹，在"搜索"框内输入"＊.wav"，系统即开始搜索音频文件，并显示在主窗口内。

4. 选定要插入的声音文件，单击"插入"按钮。在幻灯片上出现该音频的图标，并可以点击播放，如图 4-30 所示。

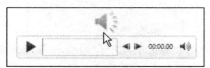

图 4-30　音频播放图标

5. 切换到"音频工具"中的"播放"选项卡，在"音频选项"组中选择音频开始"自动播放"，放映时"隐藏音频图标"。值得注意的是，声音文件和演示文稿文件需要放在同一路径下。

图 4-31　"音频播放"选项卡

6. 切换到"动画"选项卡，单击"动画"组右下角小箭头，如图 4-32 所示，打开"播放音频"对话框。

图 4-32　"动画"组

7. 单击"效果"选项卡，在"开始播放"选项组中选择"从头开始"单选项，在"停止播放"选项组中选择"在 4 张幻灯片后"单选项，如图 4-33 所示。

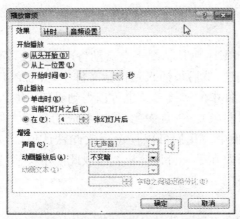

图 4-33　"播放声音"对话框

8. 单击"音频设置"选项卡,选择"幻灯片放映时隐藏声音图标"复选框,单击"确定"按钮完成设置。

9. 单击"保存"按钮,保存文件。

说明:

(1)"播放音频"对话框还可以完成如下设置:

- 在"效果"选项卡中可以设置声音文件开始播放与停止播放的方式。
- 在"计时"选项卡中可以对声音延迟和重复播放进行设置。例如,在"重复"列表框中选择"直到幻灯片末尾"命令。
- 在"声音设置"选项卡中可以调整音量。

(2)我们可以用同样的方法,在演示文稿中插入"剪辑库"中的声音、CD乐曲或者自己录制的声音等。

知识链接

在幻灯片中也可以插入公式、表格、艺术字、图表和组织结构图等对象。插入对象的操作方法与在 Word 中插入对象的方法基本相同。

1. 音频文件插入

PowerPoint 2010 支持多种格式的声音文件,例如 WAV、MID、WMA 等。WAV 文件播放的是实际的声音,MID 文件表示的是 MIDI 电子音乐,WMA 是微软公司推出的新的音频格式。WMA 在压缩比和音质方面都超过了 MP3,即使在较低的采样频率下也能产生较好的音质。一般使用 Windows Media Audio 编码格式的文件以 WMA 作为扩展名。

PowerPoint 可播放多种格式的视频文件。由于视频文件容量较大,通常以压缩的方式存储,不同的压缩、解压算法生成了不同的视频文件格式。例如 AVI 是采用 Intel 公司的有损压缩技术生成的视频文件;MPEG 是一种全屏幕运动视频标准文件;DAT 是 VCD 专用的视频文件格式。如果想让带有视频文件的演示文稿在其他人的计算机上也可以播放,首选是 AVI 格式。在幻灯片中插入影像的方法与插入声音的方法类似。

如果 Microsoft PowerPoint 不支持某种特殊的媒体类型或特性,而且不能播放某个声音文件,则尝试用 Microsoft Windows Media Player 播放它。Microsoft Windows Media Player 是 Microsoft Windows 的一部分,当把声音作为对象插入时它能播放 PowerPoint 中的多媒体文件。

如果声音文件大于 100 KB,默认情况下会自动将声音链接,而不是嵌入到文件。(链接对象:该对象在源文件中创建,然后被插入到目标文件中,并且维持两个文件之间的连接关系。更新源文件时,目标文件中的链接对象也可以得到更新。嵌入对象:包含在源文件中并且插入目标文件中的信息(对象)。一旦嵌入,该对象成为目标文件的一部分。对嵌入对象所做的更改反映在目标文件中。)我们可以任意更改此默认值(大于或小于 100 KB 均可)。演示文稿链接文件后,如果要在另一台计算机上播放此演示文稿,则必须在复制该演示文稿的同时复制它所链接的文件。

2. SmartArt 插入

在制作幻灯片中,常常会有数据统计分析,层次结构整理的文字,有时候它们之间的树状关系太复杂或太抽象,用文字描述既累赘又不甚清晰,这时候我们可以选择 SmartArt 图形的表现方式,让它们之间的关系更加简单明了,也可以让整个版面生动美观,具体操作如下:

(1)切换到"插入"选项卡,在"插图"选项组,单击"SmartArt",打开"选择 SmartArt 图形"对话框,如图 4-34 所示。

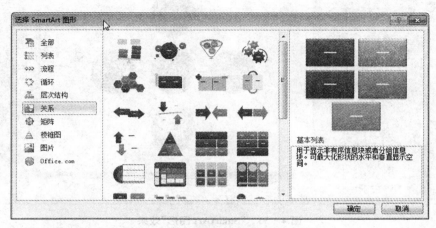

图 4-34　"选择 SmartArt 图形"对话框

(2)在"选择 SmartArt 图形"对话框中选择一种图形,例如选择"关系"中的"基本射线图",单击"确定"按钮,打开"基本射线图"的编辑窗口,如图 4-35 所示。

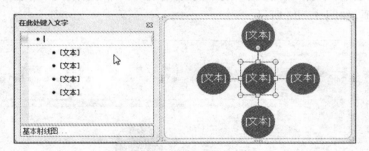

图 4-35　基本射线图

(3)在编辑窗口内输入相应的文字,鼠标单击幻灯片空白区域,该图形添加到当前幻灯片中,如图 4-36 所示。

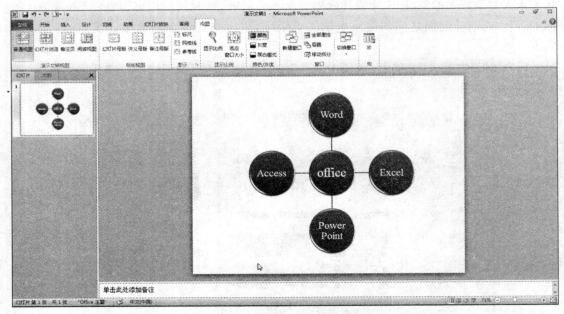

图 4 - 36　"SmartArt 图形"效果

（4）单击"SmartArt 图形"，在"SmartArt 工具"的"设计"和"格式"选项卡中，可以对图形进行形状、艺术字样式、形状样式、排列、大小、布局的设置。例如：切换到"SmartArt 工具"的"设计"选项卡，单击"创建图形"组中的"添加形状"命令按钮，即可在原有基本射线图中添加一个选项，如图 4 - 37 所示。

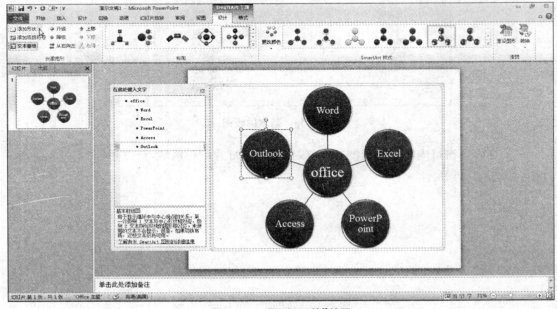

图 4 - 37　"添加形状"效果

（5）SmartArt 图形设置动画效果可以整体添加，也可以给每一部分分别添加。要分别添加首先要取消图形组合，操作步骤如下：

- 选中 SmartArt 图形,在"SmartArt 工具"的"格式"选项卡中,在"排列"组中单击"组合"命令按钮,在下拉面板中选择"取消组合"。
- 选项卡跳转到"绘图工具",选中图形,单击鼠标右键,在弹出的快捷菜单中再次选择"组合"菜单中的"取消组合"。
- 图形被分散成个体,分别添加动画效果。选中任意一块图形,切换到"动画"选项卡,在"高级动画"组中单击"添加动画",在下拉列表中任选一个动画效果。重复这个步骤直到给每部分添加上动画效果,如图 4-38 所示。

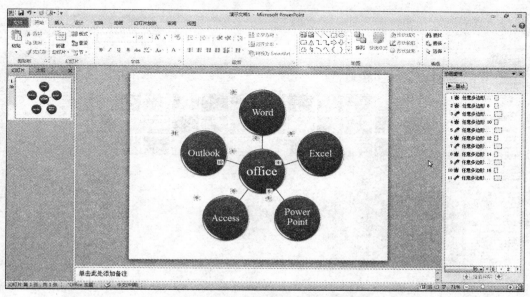

图 4-38　SmartArt 图形动画设置效果

任务 3　幻灯片外观修饰

任务描述

在对毕业论文答辩演讲稿的内容充补充完整后,钱彬试着将幻灯片进行放映了一遍。他觉得白底黑字的放映效果过于单调,于是在已创建的毕业答辩演讲稿中,利用设计模板、配色方案、母版的设计,使得展示的色彩效果赏心悦目。完成后的效果如图 4-39 所示。

图 4-39　外观设置效果

任务实施

工序 1：主题应用

为毕业答辩演讲稿设置"夏至"主题，第四张幻灯片设置"暗香扑面"主题。

1. 打开"毕业答辩演讲稿"演示文稿，选择"设计"选项卡，单击"主题"组中主题库下拉箭头，打开主题库，如图 4-40 所示。

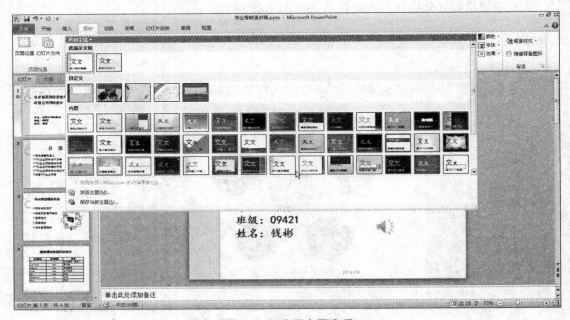

图 4-40　应用主题选项

2. 在主题库中选择"夏至"主题，单击主题按钮，则该主题应用于所有幻灯片。

3. 选择第四张幻灯片，在主题库中选择"暗香扑面"主题，右击主题按钮，选择"应用于选择幻灯片"命令，该主题应用于第四张幻灯片，应用效果如图 4-41 所示。

图 4-41　"应用主题"效果

> ✏️说明：
>
> （1）已经应用的主题出现在"所有主题"对话框的"此演示文稿"之下。系统提供的主题出现在"内置"之下。
>
> （2）PowerPoint 中还提供了一个设计主题模板库，但是来自于 office. com，需要使

用时切换到"文件"选项卡,单击"新建"命令,在"可用的模板和主题"窗格中选择所需的模板图标,单击"下载"命令按钮即可下载该模板,如图 4 - 42 所示。该模板保存到"Templates"文件夹中(这是在"另存为"对话框中选择"设计模板"作为文件类型时 PowerPoint 默认使用的文件夹)。

(3)模板下载后,切换到"设计"选项卡"主题"组,单击下拉箭头,选择"浏览主题"命令按钮,打开"选择主题或主题文档"对话框,如图 4 - 43 所示,选择所需模板或主题,单击"应用"命令按钮,即可将该主题或模板应用于当前幻灯片。

图 4 - 42　模板下载

工序 2:配色方案

利用配色方案,将"毕业答辩演讲稿"的第二、三张幻灯片的文本颜色改为茶色、文字 2、深色 50%。

PowerPoint 中配色方案有两种:标准方案和自定义方案。如果对应用设计主题或模板的色彩搭配不满意,可以利用配色方案方便快捷地解决这个问题。

1. 选择第二张幻灯片,切换至"设计"选项卡,选择"主题"组,单击"颜色"命令按钮,打开"颜色"对话框,如图 4 - 44 所示。

图 4－43　"选择主题或主题文档"对话框

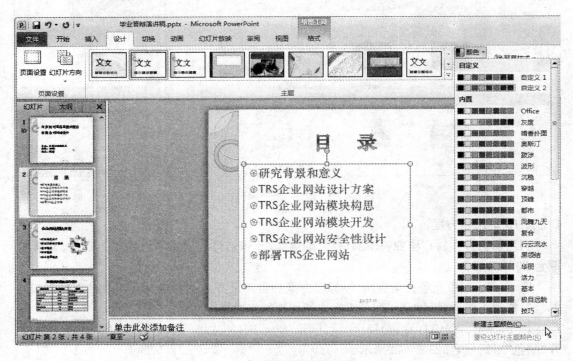

图 4－44　"颜色"选项

2. 单击"新建主题颜色"选项，打开"新建主题颜色"对话框，如图 4－45 所示。

图 4-45   "新建主题颜色"对话框

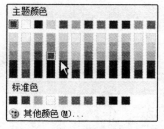

图 4-46   "主题颜色"对话框

3. 单击"主题颜色"组中"文字/背景"选项旁的颜色按钮,弹出"主题颜色"对话框,如图 4-46 所示。

4. 在"主题颜色"对话框的色卡中选择"茶色、文字 2、深色 50%",应用于当前选定的幻灯片,并且该配色方案作为自定义方案保存在颜色方案里。

5. 选择第三张幻灯片,单击"主题"组"颜色"命令按钮,在"颜色方案"的自定义选项里选择"自定义 1",如图 4-47 所示,将该配色方案应用于所选幻灯片。

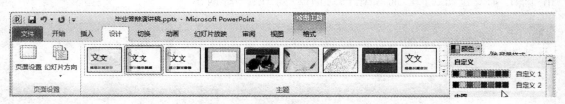

图 4-47   "自定义配色方案"应用

说明：

（1）修改配色方案后,修改结果会成为一个新方案,它将作为演示文稿文件的一部分,以便以后再应用。

（2）如果向演示文稿中引入非配色方案的新颜色(即通过更改某处字体颜色或使某个对象变为唯一的颜色),则新的颜色会被保存到配色方案内置颜色中。查看当前使用的所有颜色可帮助整个演示文稿的颜色保持一致。

工序 3：母版设计

利用母版设计,为"毕业答辩演讲稿"的所有幻灯片添加学院标志。

由于幻灯片母版影响整个演示文稿的外观,因此在创建和编辑幻灯片母版或相应版式时,将在"幻灯片母版"视图下操作。

1. 切换到"视图"选项卡,在"母版视图"组中选择"幻灯片母版"命令,当前窗体即切换到幻灯片母版视图编辑状态，如图4-48所示。

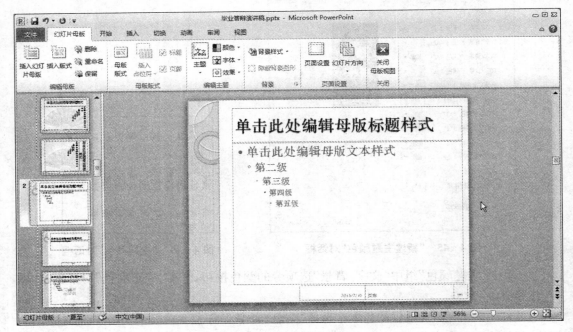

图4-48　幻灯片母板

2. 在"幻灯片"窗格中选择"夏至"幻灯片母版，切换到"插入"选项卡，选择"图像"组，单击"图片"命令按钮，打开"插入图片"对话框，如图4-49所示。

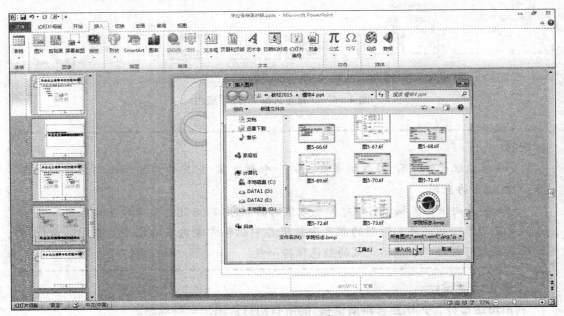

图4-49　插入图片

3. 选择图片文件"学院标志. bmp"，插入幻灯片母板，并将该图片移动到幻灯片母板的右上角。

4. 单击"学院标志"图片，通过 Ctrl＋C、Ctrl＋V 快捷键把该图片复制到"暗香扑面"幻灯片母版中，并将该图片放置在相同的位置。

5. 单击工具栏上"关闭母版视图"按钮，结束幻灯片母版的设计。

6. 切换"幻灯片浏览视图"，查看每一张幻灯片的右上角都有学院标志，如图 4 - 50 所示。

图 4 - 50　图片插入母板效果

7. 单击"保存"按钮，保存文档。

> **说明：**
>
> 　　母版上的文本只用于样式，实际的文本（如标题和列表）应在普通视图的幻灯片上键入，而页眉和页脚应在"页眉和页脚"对话框中键入。
>
> 　　在应用设计模板时，会在演示文稿上添加幻灯片母版。通常，模板也包含标题母版，可以在标题母版上进行更改以应用于具有"标题幻灯片"版式的幻灯片。

知识链接

1. 设计模板

Microsoft PowerPoint 提供可应用于演示文稿的设计模板，以便为演示文稿提供设计完整、专业的外观。

通过使用"幻灯片设计"任务窗格，可以预览设计模板并且将其应用于演示文稿。可以将模板应用于所有的或选定的幻灯片，而且可以在单个演示文稿中应用多种类型的设计模板。

无论何时应用设计模板，该模板的幻灯片母版都将添加到演示文稿中。如果同时对所有的幻灯片应用其他的模板，旧的幻灯片模板将被新模板中的母版所替换。

可以将创建的任何演示文稿保存为新的设计模板，并且以后就可以在"幻灯片设计"任务窗格中使用该模板。

2. 主题

使用主题可以简化专业设计师水准的演示文稿的创建过程。不仅可以在 PowerPoint 中使用主题颜色、字体和效果，而且还可以在 Excel、Word 和 Outlook 中使用它们，这样演示文稿、文档、工作表和电子邮件就可以具有统一的风格。

应用新的主题会更改文档的主要详细信息。艺术字效果将应用于 PowerPoint 中的标题。表格、图表、SmartArt 图形、形状和其他对象将进行更新以相互补充。此外，在 PowerPoint 中，甚至可以通过变换不同的主题来使幻灯片的版式和背景发生显著变化。当将某个主题应用于演示文稿时,如果喜欢该主题呈现的外观,则通过一个单击操作即可完成对演示文稿格式的重新设置。如果要进一步自定义演示文稿,则可以更改主题颜色、主题字体或主题效果。

3. 母版

在含有标题和文本的幻灯片版式中,文字最初的格式,包括位置、字体、字号、颜色等,都是统一的,这种统一来源于母版。也就是说,幻灯片版式中的文字的最初格式是自动套用母版的格式,如果母版的格式改变了,则所有幻灯片上的文字格式将随之改变。母版是可以由用户自己定义模板和版式的一种工具。如果我们希望修改演示文稿中所有幻灯片的外观,那么只需要在相应的幻灯片母版上做一次修改即可,而不必对每一张幻灯片都做修改。

在 PowerPoint 中每个相应的幻灯片都有与其相对应的母版——幻灯片母版、标题母版、讲义母版和备注母版。

(1) 幻灯片母版是存储关于模板信息的设计模板的一个元素,这些模板信息包括字形、占位符大小和位置、背景设计和配色方案。

幻灯片母版的目的是进行全局更改(如替换字形),并使该更改应用到演示文稿中的所有幻灯片。

通常可以使用幻灯片母版进行下列操作:

- 更改字体或项目符号
- 插入要显示在多个幻灯片上的艺术图片(如徽标)
- 更改占位符的位置、大小和格式

(2) 标题母版控制标题版式幻灯片的格式和位置。

可使用标题母版更改演示文稿中使用"标题幻灯片"版式的幻灯片。"标题幻灯片"版式可在"幻灯片版式"任务窗格中使用并且是显示的第一个版式。

"标题幻灯片"版式包含标题、副标题及页眉和页脚的占位符。可以在一篇演示文稿中多次使用标题版式以引导新的部分;也可以通过诸如添加艺术图形、更改字形、更改背景色等方法,使这些幻灯片与其他幻灯片在外观上稍有不同。可以更改标题母版并在所有标题幻灯片上看到所做的更改。

(3) 讲义母版用于添加或修改幻灯片在讲义视图中每页讲义上出现的页眉或页脚信息。

(4) 备注母版用来控制备注页版式和备注页文字格式。

(5) 如果演示文稿中包含两种或更多种不同的样式或主题(例如背景、配色方案、字体和效果),则需要为每种不同的主题插入一个幻灯片母版。如同在"幻灯片母版"视图中看到的一样,下面的图像中有两个幻灯片母版。每个幻灯片母版都很可能应用了不同主题。

(6) 切换到"幻灯片母版"视图,任何给定的幻灯片母版都有几种默认的版式与其相关联。并非提供的所有版式都需要使用,而是从可用版式中选择最适合显示当前信息的版式加以应用。

(7) 可以创建一个包含一个或多个幻灯片母版的演示文稿,然后将其另存为 PowerPoint 模板(. potx 或. pot)文件,并使用该文件创建其他演示文稿。

4. 配色方案

配色方案由幻灯片设计中使用的八种颜色(用于背景、文本和线条、阴影、标题文本、填充、强调和超链接)组成。

可以通过选择幻灯片并显示"主题—颜色"任务窗格来查看幻灯片的配色方案。所选幻灯片的配色方案在任务窗格中显示为已选中。

设计模板包含默认配色方案以及可选的其他配色方案，这些方案都是为该模板设计的。Microsoft PowerPoint 中的默认或"空白"演示文稿也包含配色方案。

可以将配色方案应用于一个幻灯片、选定幻灯片或所有幻灯片以及备注和讲义。

任务 4　放映幻灯片

任务描述

钱彬将幻灯片进行放映，觉得幻灯片之间的切换过于简单。另外他还想在毕业答辩过程中，在介绍自己的设计项目时，幻灯片放映能够自动进行，并且能够和自己的语速相配合。于是，他在已创建的毕业答辩演讲稿中，利用动画方案、自定义动画、幻灯片切换、设计放映方式等功能设计，控制幻灯片的放映顺序、切换方式，使得展示的效果灵活。

任务实施

工序 1：设置幻灯片切换

为"毕业答辩演讲稿"文件的每张幻灯片设置切换方式。

1. 打开演示文稿"毕业答辩演讲稿"，选择第一张标题幻灯片。

2. 切换到"切换"选项卡，在"切换到此幻灯片"组中单击要应用于该幻灯片的幻灯片"百叶窗"效果，如图 4-51 所示。当鼠标停留在任意切换效果按钮上时，在幻灯片中可以预览其动画效果。

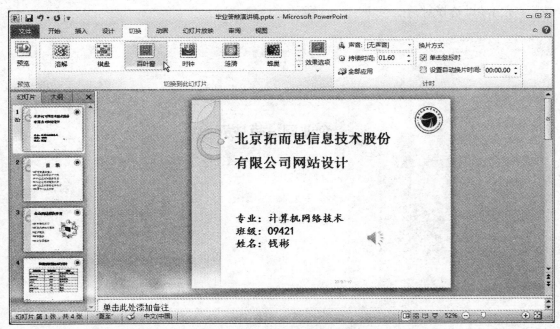

图 4-51　"幻灯片切换"效果选择

3. 单击"效果选项"命令按钮，从下拉效果中选择"垂直"，如图 4－52 所示。

4. 同样的方法为另外三张幻灯片设置切换方式：第二张，"溶解"、"风铃"声；第三张，"顺时针时钟"；第四张，"摩天轮"、"自左侧飞入"、3 秒钟。

5. 单击"保存"按钮，保存文件。

工序 2：动画设计

为演示文稿的**第 3 张幻灯片中的 3 个对象（标题、文本、图片）**

图 4－52　效果选项

分别自定义动画效果："标题"对象设置为"之后"开始、"棋盘"及"跨越"进入、"中速"，动画播放后为"红色"；"文本"对象设置为"之后"开始、"展开"进入、"中速"、"风铃"声；"图片"对象设置为"之后"开始、"圆形扩展"、"放大"、"中速"。幻灯片放映时，要求各对象的出现顺序依次为"标题"、"图片"、"文本"。

1. 打开演示文稿，选择第三张幻灯片。

2. 选中标题内容，切换到"动画"选项卡，在"动画"组中查找"棋盘"动画效果，如图 4－53 所示。

图 4－53　"动画"组

3. 如"动画"组中内置的动画效果无"棋盘"效果，单击"高级动画"组中"添加动画"命令按钮，弹出动画选择对话框，如图 4－54 所示。

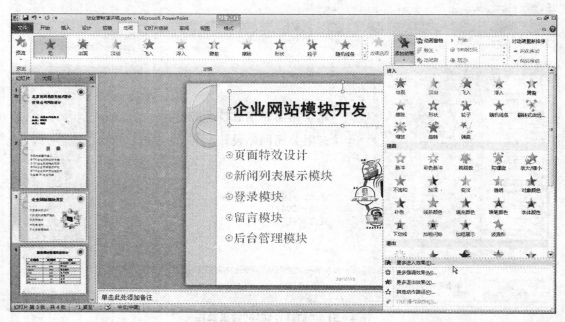

图 4－54　"添加动画"对话框

4. 单击"更多进入效果"选项,打开"添加进入效果"对话框,如图 4-55 所示。选择"棋盘"效果,单击"确定"按钮。

图 4-55　"添加进入效果"对话框

5. 在"动画"组中单击"效果选项"命令按钮,在下拉的"方向"效果中选择"跨越"效果。

6. 单击"高级动画"组中"动画窗格"命令按钮,在文档窗口的右侧打开"动画窗格",如图 4-56 所示。

7. 单击下拉箭头,在下拉菜单中选择"效果选项",打开"棋盘"的动画效果对话框,如图 4-57 所示。单击"单击"动画播放后"下拉箭头,在"其他颜色"对话框中选择"红色",然后单击"确定"按钮。"

8. 单击"计时"选项卡,在"期间"选项中设置播放速度为"中速"。

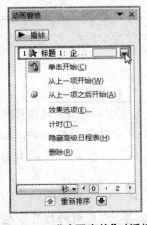

图 4-56　"动画窗格"对话框

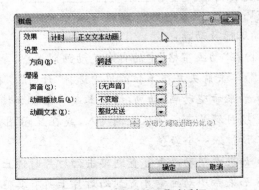

图 4-57　"动画效果"对话框

8. 在幻灯片中选择文本,在"动画"组中选择"飞入"效果,在"效果选项"中设置"自右侧"播放效果、播放速度为中速,声音设置为"打字机"。

9. 在幻灯片中选择图片,单击"高级动画"组中"添加动画"命令按钮。在弹出的对话框中单击"更多进入效果"选项,打开"添加进入效果"对话框,选择"圆形扩展"效果。在"效果选项"中设置放大效果。在"动画窗格"中设置在上一动画之后播放,播放速度为快速。

10. 在"动画窗格"中,选择文本对象,单击窗格底部的"重新排序"右侧的向下按钮 ,改变文本对象的播放顺序,使得各对象的出现顺序依次为"标题"、"图片"、"文本",如图4-58所示。

图 4-58　重新排序

11. 单击"播放"按钮或"动画"选项卡的"预览"命令按钮,可预览幻灯片中设置的动画效果。

12. 单击"幻灯片放映"按钮,可看到完整的幻灯片放映效果。

13. 单击"保存"按钮,保存文件。

☜说明:

　　(1) 如图4-58当"自定义动画"列表框中有多个动画对象时,可通过"重排顺序"按钮 ⬆ 来调整动画的播放顺序。

　　(2) 所示若取消动画效果,在"动画窗格"的自定义动画列表中,右击要删除的动画,在弹出菜单中选择"删除"即可。

✎小技巧:

　　循环播放动画:

　　(1) 在"动画窗格"中的自定义动画列表中,单击要更改计时的项目。

　　(2) 单击箭头并在下拉菜单中选择"计时"。在"重复"列表中,执行下列操作之一:

● 如果希望动画(动画:给文本或对象添加特殊视觉或声音效果。例如,可以使文本项目符号点逐字从左侧飞入,或在显示图片时播放掌声。)重复一定次数后停止,请键入一个数值。

● 如果希望动画重复直到单击幻灯片时停止,单击"直到下一次单击"。

● 如果希望动画重复直到幻灯片上所有其他动画结束,单击"直到幻灯片末尾"。

工序 3:幻灯片放映方式

将"毕业答辩演讲稿"的放映方式设定为自动放映,并为幻灯片设置排练时间。

1. 打开"毕业答辩演讲稿"演示文稿,切换到"幻灯片放映"选项卡,如图4-59所示。

图 4-59　"幻灯片放映"选项卡

2. 在"设置"组中单击"排练计时"命令按钮。

单击菜单栏中"幻灯片放映"→"排练计时"命令,在幻灯片放映的同时对每一张幻灯片的播放时间进行记录。此时,在幻灯片放映画面的左上角会出现预演计时器,如图 4-60 所示。

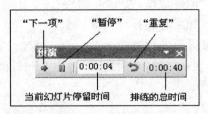

图 4-60　预演计时器

3. 放映完最后一张幻灯片,屏幕弹出如图 4-61 所示消息框,单击"是",将所有幻灯片的排练时间进行保存。

图 4-61　"排练时间"消息框

4. 单击"幻灯片浏览视图",在每一张幻灯片的左下方会出现一个时间记录即在上一次排练计时中记录下的该幻灯片的放映时间。如图 4-62 所示:

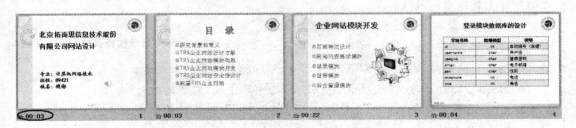

图 4-62　"排练时间设置"效果

5. 在"设置"组中单击"设置幻灯片放映"命令按钮,打开"设置放映方式"对话框,如图 4-63 所示。

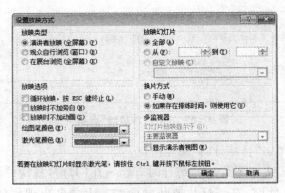

图 4 - 63　"设置放映方式"对话框

6. 在"放映选项"中选择"循环放映,按 ESC 键终止"。

7. 在"换片方式"中选择"如果存在排练时间,则使用它"。

8. 单击"确定"按钮,完成设置。

9. 单击"幻灯片放映"中观看放映,此时所有幻灯片依照排练计时自动循环放映至按下 ESC 键终止。

10. 单击"保存"按钮,保存文件。

> **✍说明:**
>
> (1) 在 PowerPoint 中启动幻灯片的放映,可切换到"幻灯片放映"选项卡,在"开始放映幻灯片"组中单击"从头开始"命令按钮,或者单击窗口下方状态栏上的幻灯片放映按钮,或者直接按快捷键 F5。在演示文稿放映过程中,单击鼠标右键,将打开演示快捷菜单,如图 4 - 64 所示。例如,可以使用"定位至幻灯片"命令直接跳转到指定的幻灯片;使用"指针选项"中的"笔"命令将鼠标变为一支笔,在播放过程中可以使用这支笔在幻灯片上做适当的批注。
>
>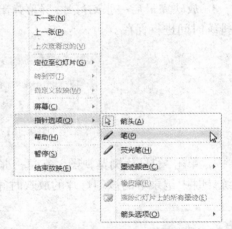
>
> **图 4 - 64　演示快捷菜单**
>
> (2) 如果在演讲时,由于时间关系需要临时减少演讲内容,又不想删除幻灯片,可以将需要播放的幻灯片隐藏起来。执行以下操作之一,可以隐藏选定的幻灯片:
>
> ● 切换到"幻灯片放映"选项卡,在"设置"组中单击的"隐藏幻灯片"命令。
>
> ● 在"幻灯片浏览视图"下,在幻灯片上单击右键,在弹出的快捷菜单中选择"隐藏幻灯片"命令。
>
> (3) 有效选择幻灯片放映除了隐藏幻灯片外,还可以采用"自定义放映"方式。方法如下:
>
> ● 切换到"幻灯片放映"选项卡,在"开始放映幻灯片"组中单击的"自定义幻灯片放映"命令按钮,打开"自定义放映"对话框,如图 4 - 65 所示。

图 4-65　"自定义放映"对话框

● 单击"新建"按钮,打开"自定义放映"二级对话框。不仅可以定义放映哪些幻灯片,而且还可以通过单击 按钮重新安排幻灯片的放映顺序,如图 4-66 所示。

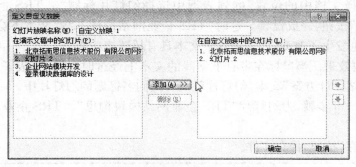

图 4-66　"自定义放映"对话框

工序 4:创建交互式演示文稿
为"目录"幻灯片创建超链接。

1. 打开演示文稿,在第二张幻灯片后插入二张新幻灯片,内容如图 5-67 所示,分别设置切换方式为"旋转、自底部、持续时间 2 秒"、"框、自右侧、持续时间 1 秒"。

图 4-67　插入新幻灯片

2. 在"目录"幻灯片中,选择文本"TRS 企业网站设计方案"。

3. 切换到"插入"选项卡,单击"链接"组中"超链接"命令按钮,打开"插入超链接"对话框,如图 4-68 所示。

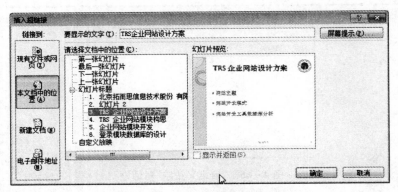

图4-68 "插入超链接"对话框

4. 在"链接到"中选择"本文档中的位置"。

5. 在"请选择文档中的位置"的列表框中选择幻灯片标题"3. TRS 企业网站设计方案"。单击"确定"按钮，完成设置。这时"TRS 企业网站设计方案"文本下会多出一条下划线，文本的颜色也发生了改变，即表明这个文本具有超链接功能。

6. 观看放映效果。当鼠标在带有下划线的文本上经过时，光标变成了小手的形状，单击"TRS 企业网站设计方案"文本，幻灯片就跳转到同名标题的幻灯片中。

7. 重复第 2～5 步骤，为幻灯片"TRS 企业网站模块构思"、"TRS 企业网站模块开发"创建超链接。

8. 单击"保存"按钮，保存文件。

说明：

（1）超链接只在幻灯片放映演示文稿时才有作用，在普通视图、幻灯片浏览视图中处理演示文稿时，不会起作用。所以，在编辑状态下测试跳转情况，需单击鼠标右键，在快捷菜单中选择"打开超链接"。

（2）在选择好要创建超链接的文本后，打开"插入超链接"对话框，还可以用到以下方法之一：

● 单击右键，在弹出的快捷菜单中选择"超链接"命令。

● 快捷键：Ctrl＋K。

小技巧：

更改超链接文本颜色：

（1）切换到"设计"选项卡，在"主题"组中单击"颜色"命令按钮，在菜单栏中选择"新建主题颜色"命令，打开新建主题颜色对话框。

（2）在"主题颜色"中，分别单击"超链接"和"已访问的超链接"，打开色卡。

● 在"主题颜色"和"标准"中选择所需的颜色。

● 单击"其他颜色"选项，打开"颜色"对话框，在"自定义"选项卡中调配自己的所需的颜色，再单击"确定"。

（3）单击"保存"按钮，改配色方案即添加到"颜色"的自定义选项列表中。

工序 5：创建交互式演示文稿

为第三、四、五张幻灯片添加一个自定义按钮返回目录。

1. 打开演示文稿，选择第三张幻灯片（标题为：TRS 企业网站设计方案）。

2. 切换到"插入"选项卡，在"插图"组中单击"形状"命令按钮，弹出系统内置的各种形状列表。在列表中选择"动作按钮"中的"自定义"按钮，如图 4-69 所示。

图 4-69　动作按钮

3. 当鼠标指针变为十字形时，在幻灯片的右下角用鼠标画出一个按钮，随即打开"动作设置"对话框，如图 4-70 所示。单击"超链接到"下拉列表，选择"幻灯片..."，打开"超链接到幻灯片"对话框。

图 4-70　"动作设置"对话框

4. 在"超链接到幻灯片"对话框中，如图 4-71 所示，选择作为目录的第二张幻灯片，单击"确定"按钮。一个自定义按钮即出现在幻灯片的右下角。

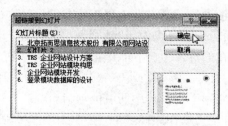

图 4-71　"超链接到幻灯片"对话框

5. 为了明确按钮的含义，在按钮图形中添加文本。选择自定义按钮，右击鼠标，在弹出的快捷菜单中选择"添加文本"命令，输入"返回目录"文字，并适当的设置文本格式，调整按钮的位置和大小。

6. 右击自定义按钮，在弹出菜单中选择"设置形状格式"，打开"设置形状格式"对话框，如图 4-72 所示。

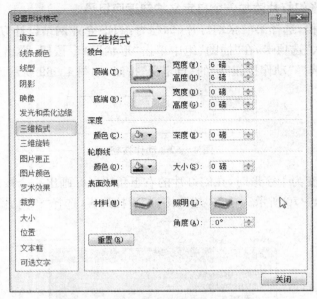

图 4-72 "设置形状格式"对话框

7. 设置自定义按钮的填充颜色为"纯色填充"、"茶色、背景 2、深色 25%",三维格式为"圆棱台","内部右下角"阴影,表面效果为"塑料"效果。

8. 观看放映效果,单击"返回目录"按钮,即可返回"目录"幻灯片。

9. 由于返回的目标幻灯片是相同的,可以直接复制"返回目录"按钮到第四、五张幻灯片中相同的位置。

10. 单击"保存"按钮,保存文件。

知识链接

1. 动画效果

使幻灯片上的文本、图形、图示、图表和其他对象具有动画效果,这样就可以突出重点、控制信息流,并增加演示文稿的趣味性。

若要简化动画设计,将预设的动画方案应用于所有幻灯片中的项目、选定幻灯片中的项目或幻灯片母版中的某些项目。也可以使用"动画窗格",在运行演示文稿的过程中控制项目在何时、以何种方式出现在幻灯片上(例如,单击鼠标时由左侧飞入)。

自定义动画可应用于幻灯片、占位符或段落(包括单个的项目符号或列表项目)中的项目。例如,可以将飞入动画应用于幻灯片中所有的项目,也将飞入动画应用于项目符号列表中的单个段落。除预设或自定义动作路径之外,还可使用进入、强调或退出选项。同样还可以对单个项目应用多个的动画,这样就使项目符号项目在飞入后又可飞出。

大多数动画选项包含可供选择的相关效果。这些选项包含:在演示动画的同时播放声音,在文本动画中可按字母、字或段落应用效果(例如,使标题每次飞入一个字,而不是一次飞入整个标题)。

可以对单张幻灯片或整个演示文稿中的文本或对象动画进行预览。

PowerPoint 2010 新增了"动画刷"功能,可以快速轻松地将动画从一个对象复制到另一个对象。具体操作:

(1) 选择包含要复制的动画的对象。

(2) 在"动画"选项卡上的"高级动画"组中,单击"动画刷",如图 4-73 所示。

图 4-73 动画刷

(3) 选择幻灯片,单击要将动画复制到其中的对象,即可完成动画复制。

2. 幻灯片放映

PowerPoint 提供了三种幻灯片的放映方式:演讲者放映、观众自行浏览、在展台浏览。在"设置放映方式"对话框中可以选择相应的放映类型。

● "演讲者放映(全屏幕)":可运行全屏显示的演示文稿,这是最常用的幻灯片播放方式,也是系统默认的选项。演讲者具有完整的控制权,可以将演示文稿暂停,添加说明细节,还可以在播放中录制旁白。

● "观众自行浏览(窗口)":适用于小规模演示。这种方式提供演示文稿播放时移动、编辑、复制等命令,便于观众自己浏览演示文稿。

● "在展台浏览(全屏幕)":适用于展览会场或会议。观众可以更换幻灯片或者单击超链接对象,但不能更改演示文稿。

任务5 演示文稿的打印与输出

任务描述

钱彬想在毕业答辩过程中能够流利的进行表述,就需要多次练习,他想把幻灯片打印成纸质文件带在身边随时能看看。另外,钱彬把自己的毕业答辩演讲稿复制给指导教师看看,可是在老师的计算机上不能正常播放,这让他有点弄不明白。

经过学习,钱彬利用 PowerPoint 2010 的打印功能,将演示文稿中幻灯片打印在一张纸上,方便携带并可作为演讲时的大纲;利用 PowerPoint 2010 的文件打包输出功能将与演示文稿相关的所有文件一并进行输出,保证演示文稿在不同的计算机上都能够正常的放映。

任务实施

工序 1:页面设置

对"毕业答辩演讲稿"文件进行页面设置。

1. 打开"毕业答辩演讲稿"演示文稿。

2. 切换到"设计"选项卡,在"页面设置"组中单击"页面设置"命令按钮,打开页面设置对话框,如图 4-74 所示。

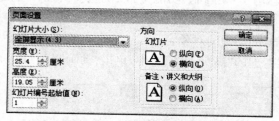

图 4-74 "页面设置"对话框

设置参数:

● 幻灯片大小:在下拉列表中选择幻灯片实际打印的尺寸。

● 幻灯片编号起始值:设置打印文稿的编号起始页。

● 方向:设置幻灯片、讲义、备注和大纲的打印方向。

3. 设置完成后,单击"确定"按钮。

工序 2:打印文档

打印"毕业答辩演讲稿"中所有幻灯片,并且在一页 A4 打印纸上打印 6 个幻灯片。

1. 打开"毕业答辩演讲稿"演示文稿。

2. 切换到"文件"选项卡,单击任务列表中"打印"命令按钮,弹出"打印"任务窗格,如图 4-75 所示。

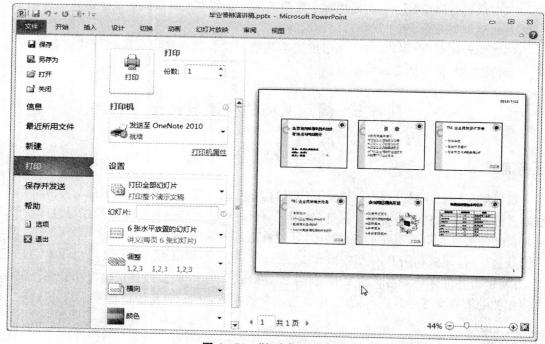

图 4-75 "打印"任务窗格

3. 在"设置"中选择"打印全部幻灯片"选项。

4. 在"设置"中选择"讲义"选项,设置 6 张水平放置幻灯片、幻灯片加框、根据纸张调整大小。

5. 调整打印方向为横向,在右侧预览打印效果。

6. 单击"打印"按钮,打印幻灯片。

工序 3:打包演示文稿

将"毕业答辩演讲稿"演示文稿打包成 CD。

1. 打开"毕业答辩演讲稿"演示文稿,然后将 CD 放入 CD 刻录机中。

2. 切换到"文件"选项卡,在任务列表中选择"保存并发送",单击"将演示文稿打包成 CD"命令,打开"打包成 CD"对话框,如图 4-76 所示。

3. 在"将 CD 命名为"文本框中输入 CD 的名称"毕业答辩演讲稿"。

4. 除了当前打开的演示文稿外,如果用户还想指定添加别的演示文稿或其他文件,可单击"添加"按钮,打开"添加文件"对话框,选中要打包的文件即可。

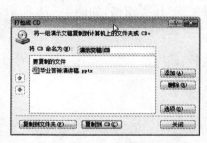

图 4-76　"打包成 CD"对话框

5. 添加了多个演示文稿后,在默认情况下,演示文稿被设置为按照"要复制的文件"列表中排列的顺序自动进行播放,若要更改播放顺序,可选择一个演示文稿,然后单击"上移"按钮或"下移"按钮。

6. 单击"选项"按钮,打开"选项"对话框,如图 4-77 所示。在该对话框中,选择"链接的文件"、"嵌入的 TrueType 字体"复选框。如果需要设置打开或编辑演示文稿的密码,可在"增强安全性和隐私保护"选项组中的"打开每个演示文稿时所用密码"和"修改每个演示文稿时所用密码"文本框中分别输入相应的密码。

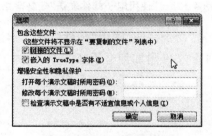

图 4-77　"选项"对话框

7. 设置完成后,单击"确定"按钮,回到"打包成 CD"对话框,然后单击"复制 CD"按钮,即可开始将演示文稿打包成 CD。

说明:

　　在制作好一个演示文稿后,如果要将其放到另外一台计算机上进行演示,就可以利用 PowerPoint 的打包功能,将演示文稿及其所链接的图片、声音和影片等进行打包,然后在其他计算机上运行。在打包演示文稿之前可能需要删除备注、墨迹注释和标记。将打包的演示文稿复制到 CD 时,需要 Microsoft Windows XP 或更高版本。如果有较早版本的操作系统,可使用"打包成 CD"功能将打包的演示文稿仅复制到计算机上的文件夹、某个网络位置或者(如果不包含播放器)软盘中。打包文件之后可使用 CD 刻录软件将文件复制到 CD 中。

工序 4：邮件发送

将"毕业答辩演讲稿"的副本以 PDF 文件形式发送邮件。

1. 打开"毕业答辩演讲稿"演示文稿。

2. 切换到"文件"选项卡，在任务列表中单击"保存并发送"命令按钮，弹出"使用电子邮件发送"任务窗格，如图 4－78 所示。

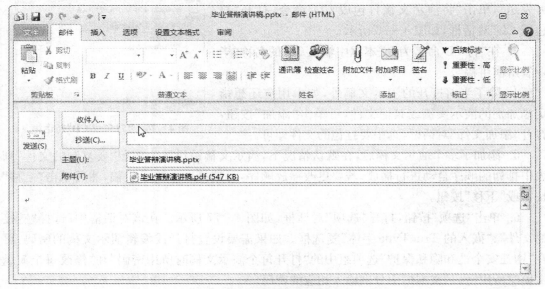

图 4－78 "使用电子邮件发送"任务窗格

3. 单击"以 PDF 形式发送"命令按钮，弹出"邮件"窗口，将演示文稿另存为可移植文档格式(.pdf)文件，然后将该 PDF 文件附加到电子邮件中，如图 4－79 所示。

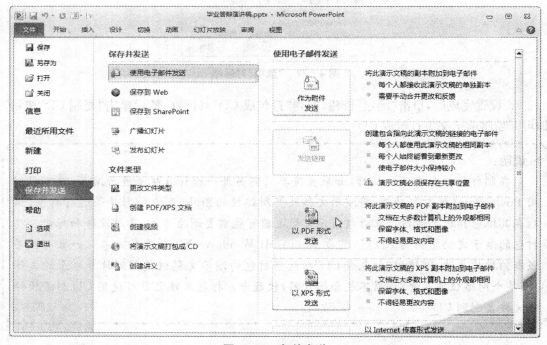

　　　　　　　　　　　　图 4－79 邮件发送

4. 填写收件人的邮箱地址，单击"发送"按钮，即将包含 PDF 文件的邮件发送到目标邮箱。

知识链接

1. 打印

PowerPoint 既可用彩色、灰度或纯黑白打印整个演示文稿的幻灯片、大纲、备注和观众讲义，也可打印特定的幻灯片、讲义、备注页或大纲页。

PowerPoint 除了具备一般 Office 文档的打印功能外，还可以打印成胶片在投影机上放映，允许演示文稿按讲义的方式在一页纸张上打印多页幻灯片，以便阅读。

使用打印预览，可以查看幻灯片、备注和讲义用纯黑白或灰度显示的效果，并可以在打印前调整对象的外观。

2. 广播演示文稿

PowerPoint 2010 中新增的"广播放映幻灯片"功能，演示者可以在任意位置通过 Web 与任何人共享幻灯片放映。首先要向访问群体发送链接（URL），之后，所邀请的每个人都可以在他们的浏览器中观看幻灯片放映的同步视图。

可以通过电子邮件将幻灯片放映的 URL 发送给访问群体。在广播期间，可以随时暂停幻灯片放映，向访问群体重新发送 URL 或者在不中断广播或不向访问群体显示桌面的情况下切换到另一应用程序。

"广播放映幻灯片"功能需要网络服务来承载幻灯片放映。可以从以下几个服务中进行选择：

● PowerPoint 广播服务。此服务适用于任何拥有 Windows Live ID 的人员，是用于向组织外访问群体演示内容的优良解决方案。Internet 上的任何人都可以访问此服务承载的幻灯片放映的 URL。

● 由组织提供、位于装有 Microsoft Office Web Apps 的服务器上的广播服务。若要使用此服务，必须由网站管理员设置广播网站，并且访问群体成员必须有权访问该网站。

当联机广播放映幻灯片时，一些 PowerPoint 功能会改变：

● 演示文稿中的所有切换都会在浏览器中显示为淡出切换。

● 屏幕保护程序和电子邮件弹出窗口会中断访问群体观看幻灯片放映。

● 音频（声音、旁白）不会通过浏览器传输给访问群体。

● 在演示期间，不能向幻灯片放映中添加墨迹注释或绘制标记。

● 如果您播放演示文稿中的视频，则浏览器不会向访问群体显示它。

3. 将演示文稿转换为视频

在 PowerPoint 2010 中，现在可以将演示文稿另存为 Windows Media 视频（.wmv）文件，这样可以确保演示文稿中的动画、旁白和多媒体内容可以顺畅播放，分发时可更加放心。如果不想使用.wmv 文件格式，可以使用首选的第三方实用程序将文件转换为其他格式（.avi、.mov 等）。

在将演示文稿录制为视频时，请注意：

● 可以在视频中对语音旁白进行录制和计时并添加激光笔运动轨迹。

- 可以控制多媒体文件的大小和视频的质量。
- 可以在电影中添加动画和切换效果。
- 观看者无需在其计算机上安装 PowerPoint 也可观看。
- 即使演示文稿中包含嵌入的视频,该视频也可以正常播放,而无需加以控制。
- 根据演示文稿的内容,创建视频可能需要一些时间。创建冗长的演示文稿和具有动画、切换效果和媒体内容的演示文稿,可能会花费更长时间。在创建视频时,可以继续使用 PowerPoint。

综合训练

1. 在演示文稿程序中打开 PPTLX1. pptx,按如下要求进行操作,完成效果如图 4 - 80 所示。

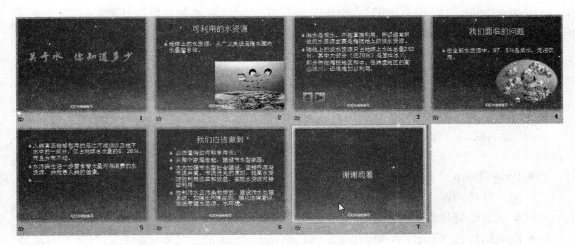

图 4 - 80 综合训练_1 效果图

(1) 演示文稿的页面设置

① 将第一张幻灯片中的标题的字体设置为华文行楷、字号为 70、字体颜色为标准色中的"浅绿"色。

② 在幻灯片母版中为所有幻灯片添加页脚"幻灯片综合练习",设置字体为微软雅黑、加粗、18 磅、天蓝色(RGB:112,255,255)。

③ 在幻灯片母版中将文本占位符中段落项目符号更改如样张,大小为字高的 115%,颜色为标准色中的"橙色"。

(2) 演示文稿的插入设置

① 在第三张幻灯片中插入链接到第一张幻灯片和下一张幻灯片的动作按钮,并为动作按钮套用"强烈效果-冰蓝","强调颜色 3"的形状样式,高度和宽度均设置为 2 厘米。

② 在第四张幻灯片中插入视频文件 a1. wmv,设置视频文件的缩放比例为 50%,视频样式为"柔化边缘椭圆",剪裁视频的开始时间为"3 秒",结束时间为"30 秒",调整视频的位置至幻灯片右下角。

(3) 演示文稿的动画设置

① 设置所有幻灯片的切换方式为"闪耀"、效果为"从下方闪耀的六边形"、持续时间为"3 秒"、"风铃"的声音、单击鼠标时换片。

② 将第一张幻灯片中标题文本的动画效果设置为"弹跳"、持续时间为"3 秒"、从"上一动画之后"自动启动动画效果。

③ 在幻灯片母版中,将幻灯片文本占位符中文本的动画效果设置为"浮入",序列为"按段落"、方向为"下浮"、"与上一动画同时"开始。

（4）创建视频文件

将此演示文稿创建为全保真视频文件,设置放映每张幻灯片的秒数为"6 秒",以 A6A.wmv 为文件名保存至学生文件夹中。

（5）保存文件。

2. 在演示文稿程序中打开 PPTLX2. pptx,按如下要求进行操作,完成效果如图 4－81 所示。

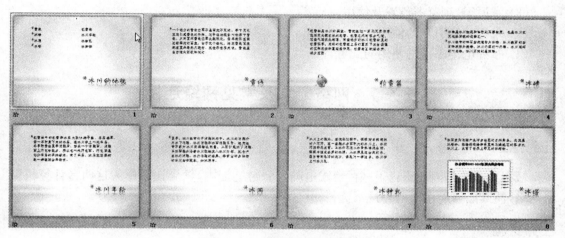

图 4－81　综合训练_2 效果图

（1）整个演示文稿应用内置"气流"主题。

（2）为所有幻灯片应用自顶部"涡流"的切换效果,制定切换的持续时间为"3 秒"。

（3）在第三张幻灯片中插入声音文件 a2_A. wma,并将其图标替换为 a2_B. png,设置对象的高度与宽度均为 3 厘米。

（4）在第八张幻灯片中插入图表文件 a2_C. xlsx,并适当调整其大小和位置。

（5）在 pptlx3. DOCX 文演示文稿档的结尾处,以对象的形式插入 a2_D. pptx,并将其图标替换为 a2_E. ico,设置对象的缩放比例为 120％。

（6）保存文件。

模块 5　计算机网络应用

近年来,随着 Internet 的飞速发展,人们对信息资源的需求越来越大,而获得信息资源的途径也越来越方便,如何上网,如何搜索自己需要的资料,如何同别人建立联系成为每个人都必须掌握的基本技能。

学习目标

(1) 掌握网络配置及常见网络连接。
(2) 掌握 IE 浏览器设置及使用。
(3) 掌握搜索引擎的使用。
(4) 掌握电子邮件的使用与配置。

任务 1　网络配置及常见网络连接

任务描述

钱彬实习的部门新购置了一台台式电脑和一台笔记本,领导让钱彬为这两台计算机配置网络,使其能够连接网络并搜索资料。

任务实施

钱彬联系公司的网络管理员,得到了网络管理员分配给部门计算机的 IP 地址,并在计算机的网络连接里进行了设置,接入了公司的局域网。为方便同事共享文档资源,钱彬还在计算机设置了共享文件夹。

工序 1:网卡驱动程序的安装

利用设备管理器检查和判断系统是否已经正确安装网卡。

1. 单击"开始"菜单→"控制面板"→"设备管理"命令,打开"设备管理器"窗口,如图5-1 所示。展开"网络适配器",如果发现安装有适配器,说明系统已经正确安装了网卡。

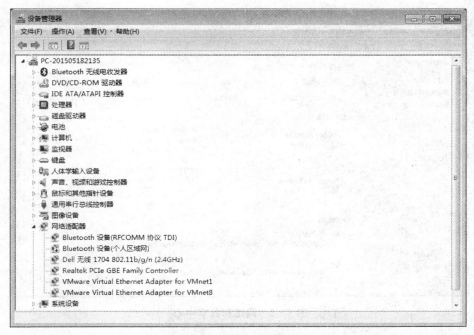

图5-1 设备管理器对话框

☞提示：

　　由于现在的大部分网卡和 Windows 7 都具有即插即用的功能，所以驱动程序的安装很方便，如果在系统的硬件列表中有该网卡的驱动程序，则系统会自动检测到该硬件并加载驱动程序；如果在列表中没有该硬件的驱动程序，则会要求用户插入网卡所附带的驱动程序光盘，这就需要用户进行手动的安装。

工序2：网络配置

　　完成网卡驱动程序的添加后，在"设备管理器"窗口中会出现当前设备的详细信息，但是它还不能发挥作用，还需要对操作系统进行相关的网络设置。配置机器起始 IP 地址为192.168.0.1，网关地址为 192.168.0.254，DNS 为 211.2.135.1。

　　1. 单击"开始"菜单→"控制面板"→"网络和共享中心"命令，打开该窗口，如图5-2所示。

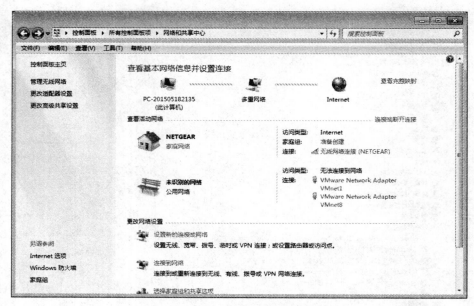

图 5－2　网络和共享中心

2. 在左侧列表中选择"更改适配器设置"命令，打开"网络连接"窗口，如图 5－3 所示。

图 5－3　网络连接窗口

3. 右击"本地连接"，在弹出的快捷菜单中选择"属性"，打开"本地连接"对话框。如图 5－4 所示。

4. 选择其中的 Internet 协议版本 4（TCP/IP 4），单击"属性"按钮，打开其属性对话框，如图 5－5 所示。

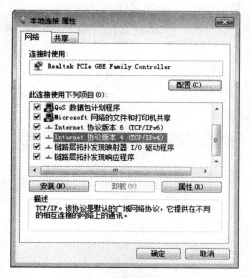

图 5-4 本地连接属性

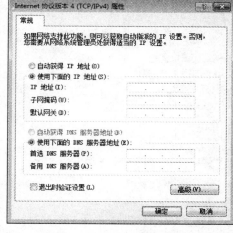

图 5-5 Internet 协议属性

5. 接下来要给本机绑定一个在局域网中使用的固定的 IP 地址。IP 地址使用"192.168.0.X"(X 为 1～254 之间的任意整数)的形式。第一台计算机 IP 地址建议一般为 192.168.0.1;子网掩码为 255.255.255.0;第二台计算机 IP 地址建议一般为 192.168.0.2;子网掩码为 255.255.255.0;第三、第四台依此类推。

6. IP 地址是计算机在网络中的标识,相当于每台计算机的家庭住址,通过设置 IP 地址可以实现网络中计算机的互相访问。对等网中每台机器的 IP 地址绝对不能相同,子网掩码都为 255.255.255.0。当以上设置均完成后,如果本网内有网络服务器端(提供 Internet 连接服务的计算机),则在"TCP/IP 属性"中设置网关和 DNS 服务器地址,这样才能正常通过服务器连入 Internet,如图 5-6 所示。

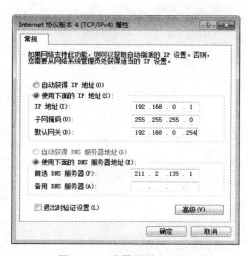

图 5-6 设置网关和 DNS

工序 3:共享资源的设置

将"钱彬"文件夹设置为共享文件夹,访问数量为 20,权限为任何人都能读取。

1. 双击桌面的"计算机"图标→"D盘",显示D盘中的文件与文件夹。

2. 右击"钱彬"文件夹,在弹出的快捷菜单中选择"共享和安全"选项,打开"钱彬"属性对话框的"共享"选项卡,如图5-7所示。

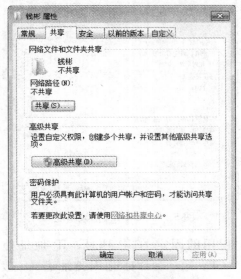

图5-7 文件夹共享选项卡

图5-8 启用文件共享

3. 点击"共享"选项卡中的"高级共享"按钮,弹出如图5-8所示的"高级共享"对话框。

4. 在对话框中勾选"共享此文件夹"选项,在"共享名"文本框中输入共享文件夹在网络上显示的名称"钱彬",再将"将同时共享的用户数量限制为"设置为20。

5. 单击"权限"按钮,弹出如图5-9所示的"共享权限"选项卡,添加"组或用户名"为"Everyone",权限中的"读取"项勾选为"允许",单击"确定"按钮。

图5-9 共享权限设置

6. 设置共享文件夹后,在"文件夹共享"选项卡内将会有该文件的网络路径显示,如图

5-10 所示。

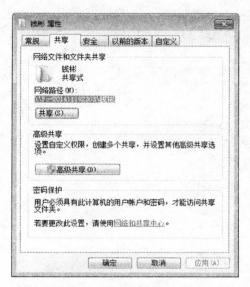

图 5-10 共享网络路径

✎说明:

　　若选中"更改"复选框,则设置该共享文件夹为完全控制属性,任何访问该文件夹的用户都可以对该文件夹进行编辑修改;若清除该复选框,则设置该共享文件夹为只读属性,用户只可访问该共享文件夹,而无法对其进行编辑修改。

工序 4:网络连接

新建拨号连接到宽带网络、连接到无线网络。

1. 在"控制面板"中单击"网络和共享中心"按钮,打开"网络和共享中心"面板。在"网络和共享中心"可视化视图界面中点击"设置新的连接或网络",如图 5-11 所示。

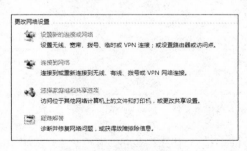

图 5-11 更改网络设置

2. 在打开的"设置连接或网络"对话框中选择"连接到 Internet"命令,单击"下一步"按钮,选择"仍要设置新连接",如图 5-12 所示。

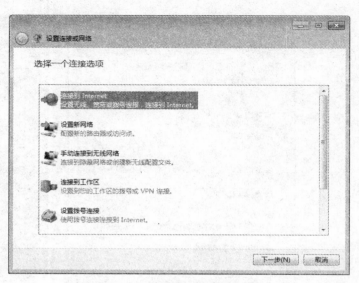

图 5 - 12　设置连接或网络对话框

　　3. 在"连接到 Internet"对话框中选择"宽带(PPoE)(R)"命令,点选"是,选择现有的连接",单击"下一步"按钮,如图 5 - 13 所示。

图 5 - 13　连接到 Internet 对话框

　　4. 在随后弹出的对话框中输入 ISP 提供的"用户名"、"密码"以及自定义的"连接名称"等信息,单击"连接"按钮,如图 5 - 14 所示。

　　5. 连接到无线网络,单击任务栏通知区域的网络图标,在弹出的"无线网络连接"面板中双击需要连接的网络,如图 5 - 15 所示。如果无线网络设有安全加密,则需要输入安全密码。

图 5 - 14　宽带连接

图 5 - 15　无线网络的选择

知识链接

　　计算机网络是计算机技术和通信技术紧密结合的产物。因此,我们可以把计算机网络定义为:将地理位置分散的、功能独立的多台计算机系统通过线路和设备互联,以功能完善的网络软件实现网络中资源共享和信息交换的系统。它不仅使计算机的作用范围超越了地理位置的限制,而且大大加强了计算机本身的能力。计算机网络具备了单个计算机所不具备的功能。

　　1. 数据交换和通信

　　计算机网络中的计算机之间或计算机与终端之间,可以快速可靠地相互传递数据、程序或文件。例如,电子邮件(E-mail)可以使相隔万里的异地用户快速准确地相互通信;电子数据交换(EDI)可以实现在商业部门(如银行、海关等)或公司之间进行订单、发票、单据等商业文件安全准确的交换;文件传输服务(FTP)可以实现文件的实时传递,为用户复制和查找文件提供了有力的工具。

　　2. 资源共享

　　充分利用计算机网络中提供的资源(包括硬件、软件和数据)是计算机网络组网的目的之一。计算机的许多资源是十分昂贵的,不可能为每个用户所拥有。例如,进行复杂运算的巨型计算机、海量存储器、高速激光打印机、大型绘图仪和一些特殊的外部设备等,另外还有大型数据库和大型软件等。这些昂贵的资源都可以为计算机网络上的用户所共享。资源共享既可以使用户减少投资,又可以提高这些计算机资源的利用率。

　　3. 提高系统的可靠性和可用性

　　在单机使用的情况下,如没有备用机,则计算机有故障便引起停机。如有备用机,则费用会大大提高。当计算机连成网络后,各计算机可以通过网络互为后备,当某一处计算机发生故障时,可由别处的计算机代为处理,还可以在网络的一些节点上设置一定的备用设备,起到整个网络公用后备的作用,这种计算机网络能起到提高可靠性及可用性的作用。特别是在地理分布很广且需要实时性管理和不间断运行的系统中,建立计算机网络便可保证更高的可靠性和可用性。

4. 均衡负荷,相互协作

对于大型的任务或当网络中某台计算机的任务负荷太重时,可将任务分散到较空闲的计算机上去处理,或由网络中比较空闲的计算机分担负荷。这就使得整个网络资源能互相协作,以免网络中的计算机忙闲不均,既影响任务的执行又不能充分利用计算机资源。

5. 分布式网络处理

在计算机网络中,用户可根据问题的实质和要求选择网内最合适的资源来处理,以便使问题能迅速而经济地得以解决。对于综合性大型问题可以采用合适的算法将任务分散到不同的计算机上进行处理。各计算机连成的网络也有利于共同协作进行重大科研课题的开发和研究。利用网络技术还可以将许多小型机或微型机连成具有高性能的分布式计算机系统,使它具有解决复杂问题的能力,而费用却大为降低。

6. 提高系统性能价格比,易于扩充,便于维护

计算机组成网络后,虽然增加了通信费用,但由于资源共享,明显提高了整个系统的性价比,降低了系统的维护费用,且易于扩充,方便系统维护。计算机网络的以上功能和特点使得它在社会生活的各个领域中得到了广泛应用。

任务 2　IE 浏览器设置与使用

任务描述

钱彬在 IE 浏览器使用过程中,经常要浏览各种网站,但是由于自己不记得各个网站的地址,因此,他想如果每次打开浏览器都很容易找到自己喜欢的网址就好了,同时,由于宿舍同学经常借用他的电脑用来上网,他很介意别人了解他的浏览爱好,因此,他想每次关闭浏览器后都清空浏览历史。此外,他常常会遇到有些网站无法访问的情况,他应该如何实现自己的想法,解决遇到的问题呢?

任务实施

工序 1:IE 浏览器的设置

设置 IE 浏览器默认主页为"http://hao. 360. cn"导航页面,清除之前的历史记录并设置保存历史记录中的天数为 20 天安全级别为"中级"。

1. 双击打开 IE 浏览器。

2. 选择"工具"下拉菜单里的"Internet 选项"命令,打开"Internet 选项"对话框,如图 5-16 所示。

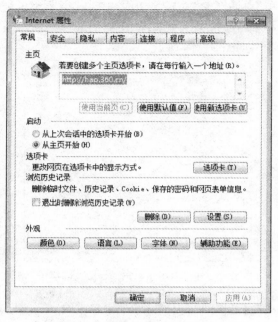

图 5 - 16　Internet 选项

3. 在"Internet 选项"对话框的"常规"选项卡中,选择"主页",在地址栏里输入"http://hao.360.cn",单击"使用当前页"按钮;在下方的"启动"中点选择"从主页开始"即可在启动 IE 浏览器时打开默认主页设置的"http://hao.360.cn"网页。

4. 在"Internet 选项"对话框的"常规"选项卡中,在"浏览历史记录"项目下单击"删除"按钮,在弹出的"删除浏览历史记录"中勾选"历史记录",操作完成后,单击"删除"按钮,如图 5 - 17 所示。

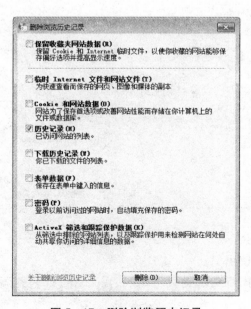

图 5 - 17　删除浏览历史记录

5. 在"Internet 选项"对话框的"常规"选项卡中,在"浏览历史记录"项目下单击"设置"按钮,在弹出的"网站数据设置"选项卡中选择"历史记录",在"历史记录中保存网页的天数"文本框中输入天数为"20",如图 5－18 所示。

图 5－18　历史记录中保存网页的天数

6. 在"Internet 选项"对话框的"安全"选项卡中单击"Internet",在"该区域的安全级别"选项组中拖动滑块调整安全级别为"中-高",设置操作完成后,单击"确定"按钮,完成设置,如图 5－19 所示。

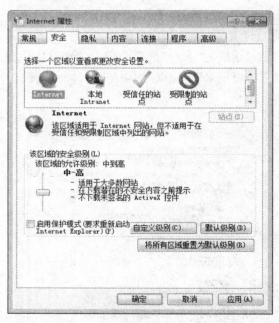

图 5－19　安全选项卡

工序 2:IE 浏览器的使用

使用 IE 浏览器打开南京交院首页(http://njci. edu. cn),并添加到收藏夹的高职院校文件夹内。

1. 用鼠标右键点击桌面上 IE 浏览器图标,选择"打开"(或用鼠标左键快速双击 IE 浏览器图标）。

2. 在地址栏中输入网址"http://njci.edu.cn"，检查无误按回车，即可进入该网站的主页，如图 5-20 所示。

图 5-20　地址栏中输入网址后的界面

3. 单击地址栏后的"查看收藏夹、源和历史记录"按钮（或按 Alt+C），打开如图 5-21 所示选项卡，点击"添加到收藏夹"。

图 5-21　"查看收藏夹、源和历史记录"选项卡

4. 将"添加到收藏"对话框的"名称"默认为"南京交通职业技术学院"，在"创建位置"处

创建新的文件夹"高职学院",如图 5-22 所示,完成后点击"添加"按钮即可将南京交院网站地址保存到高职学院文件夹下。

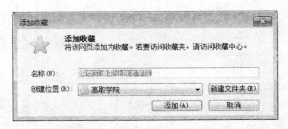

图 5-22 "添加到收藏夹"对话框

知识链接

微软开发的 Internet Explorer 是综合性的网上浏览软件,是使用最广泛的一种 WWW 浏览器软件,也是访问 Internet 必不可少的一种工具。Internet Explorer 是一个开放式的 Internet 集成软件,由多个具有不同网络功能的软件组成。目前,Windows 7 操作系统中集成的 Internet Explorer 浏览器主要是 IE8.0 版本。IE8 和之前的 IE 版本相比,界面上有所改进,没有之前的大片按钮,并把网址和搜索栏放在了第二行,使用标签式设计,方便用户使用。

1. 跟钓鱼网站 Say goodbye!

IE8 针对浏览器容易被病毒攻击和绑架,导致上网浏览和交易的安全性变差的问题,特别设计了"反钓鱼"功能,对浏览页面进行分析检测,以达到正常浏览状态。打开 IE8 后,单击"Tools",从中找到"Safety filter",在里面提供了三个安全操作选项,包括:"check this website(检测该站点)"、"turn on safety filter(打开安全过滤)"、"report unsafe website(报告不安全的网站)"。当浏览器访问某个不知名网页后,发生了错误或疑似钓鱼网站,可通过"check this website(检测该站点)"进行安全性检测,将危险化解以达到提升 IE 安全性作用。若确认某个网站为钓鱼网站,还可以通过"report unsafe website(报告不安全的网站)"进行上报,对该网站进行访问限制。

2. 收藏的网站访问更快捷

IE8 此次对收藏夹进行了调整,独立设置了"收藏夹工具条栏",把平时最常访问的网站收藏到"收藏夹"工具条上。而对于那些好的,但不经常访问的网站可以将它先收藏起来,但不显示到工具条上,方便以后需要时使用。

3. 全屏浏览更方便

在 IE8 之前的浏览器真正做到全屏浏览的还是很少,就连 IE7 也不是真正的全屏浏览,而是精减功能栏、地址栏,并非真正的全屏。IE8 此次做到真正全屏浏览,让上网冲浪更方便。打开浏览页面,按 F11 键后屏幕会处于全屏浏览状态。当需要使用功能栏时,只需将鼠标放到屏幕顶部,便会自动出现功能栏,方便快捷。

4. 与移动设备同步收藏

IE8 新增加了与移动设置同步的功能,增加智能手机与 IE 的收藏夹同步功能,这样使用智能手机上网就可以更轻松。

任务 3 搜索引擎的使用

任务描述

钱彬撰写论文,需要利用 Internet 查找资源,可是利用浏览器逐个翻阅网页寻找,很难找到合适的资源。他清楚地意识到需要利用搜索引擎,以便在海量的资源中快速定位需要的资源。同时,搜索结果中有时包含英文的网页,看起来比较吃力,如果可以将其翻译成中文就方便多了。如何利用搜索引擎进行快速准确的定位需要的资源,如何进行中英文的翻译是生活、学习和工作中常常要面临的问题。

任务实施

工序 1:信息搜索

使用百度搜索,搜索"南京交通职业技术学院",并进入官方主页。

1. 在 IE 浏览器地址栏里输入"http://www.baidu.com/"回车键,进入百度主页,如图 5-23 所示。

图 5-23 百度搜索引擎

2. 在 Baidu 搜索框内输入关键字"南京交通职业技术学院",然后单击右边的"百度一下"按钮,搜索结果就将显示在浏览器中,如图 5-24 所示。

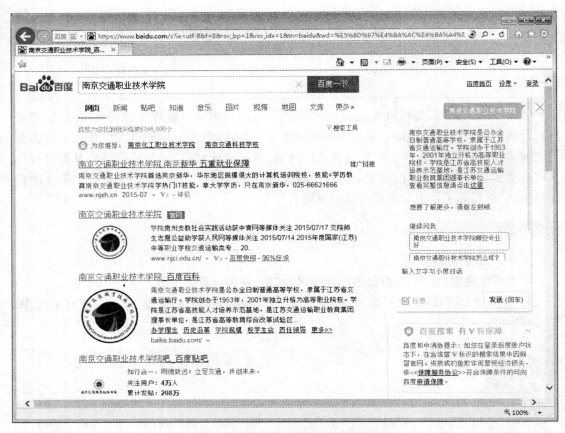

图 5－24　"南京交通职业技术学院"搜索结果

3. 选择搜索中带"官网"的第二条信息点击进入南京交通职业技术学院首页。

工序 2：在线翻译功能的使用

利用百度在线翻译功能将"搜索引擎"在线翻译成英文。

1. 进入百度主页，单击右上角"更多产品"，如图 5－23 所示。

2. 点击下拉菜单里的全部产品，选择"百度翻译"，打开百度翻译页面。

3. 源语言中选择"中文"并输入"搜索引擎"，目标语言选择"英语"后点击"翻译"按钮，如图 5－25 所示。

图 5 - 25　在线翻译成英文的结果

工序 3：地图功能的使用

利用百度地图功能，搜索从"南京交通职业技术学院"到"南京图书馆"的公交路线。

1. 进入百度主页，单击上方的"地图"，如图 5 - 23 所示。

2. 在弹出的百度地图页面左侧选择"路线"，然后选择"公交"。

3. 在公交起点输入"南京交通职业技术学院"，公交终点输入"南京图书馆"，单击右侧"搜索"按钮，百度地图将自动规划公交线路。

4. 在下方搜索出来的结果中选择时间最少、距离最短的最佳路线，即"地铁 1 号线→地铁 3 号线"，如图 5 - 26 所示。

图 5-26 线路搜索结果

工序 4：文库功能的使用

在百度文库内搜索格式为 PDF 的"毕业论文格式模板"，并利用论文检测功能检测毕业论文。

1. 进入百度主页，单击右上角"更多产品"，如图 5-23 所示。

2. 点击下拉菜单里选择"文库"，打开百度文库页面，如图 5-27 所示。

3. 在文库搜索内输入"毕业论文格式模版"，下面的文件类型选择 PDF，点击"百度一下"按钮即可，在搜索出来的结果中选择需要的内容进行下载。

4. 论文写好后单击图 5-27 下方"精品文库"里的"论文检测"，打开如图 5-28 所示界面。

5. 选择点击"大学生版"并弹出论文检测向导，根据提示在第一步"送检文档"里提交自己的论文，文件格式为 Word 文件(.doc/.docx)、文本文件(.txt)、PDF 文件(.pdf)，"作者名字"里填写钱彬，点击"下一步"按钮，如图 5-29 所示。

6. 系统自动显示出送检文档的初步检测报告，包括文档字数、检测范围、收费情况等，在下方的文本框内填写自己的邮箱地址作为下载论文检测报告的依据，点击"下一步"按钮，如图 5-30 所示。

图 5 - 27　百度文库界面

图 5 - 28　论文检测界面

图 5 - 29　论文检测向导 1

图 5 - 30　论文检测向导 2

7. 在论文检测向导第三步中选择支付方式后,就开始检测。检测的过程需要耐心等待,当检测完成后便可以利用之前填写的邮箱地址下载自己的论文检测报告,以便修改论文。

知识链接

搜索引擎是一个提供信息"检索"服务的网站,它使用某些程序把因特网上的所有信息归类以帮助人们在茫茫网海中搜寻到所需要的信息。搜索引擎包括全文索引、目录索引、元搜索引擎、垂直搜索引擎、集合式搜索引擎、门户搜索引擎与免费链接列表等。百度是全球最大的中文搜索引擎、最大的中文网站。2000 年 1 月由李彦宏创立于北京中关村,致力于向人们提供"简单,可依赖"的信息获取方式。"百度"二字源于中国宋朝词人辛弃疾的《青玉案·元夕》词句"众里寻他千百度",象征着百度对中文信息检索技术的执著追求,它是通过从互联网上提取的各个网站的信息(以网页文字为主)而建立的数据库中,检索与用户查询条件匹配的相关记录,然后按一定的排列顺序将结果返回给用户。

小技巧:

1. 双引号:给要查询的关键词加上双引号(半角,以下要加的其他符号同此),可以实现精确的查询,这种方法要求查询结果要精确匹配,不包括演变形式。例如在搜索引擎的文字框中输入"电传",它就会返回网页中有"电传"这个关键字的网址,而不会返回诸如"电话传真"之类网页。

2. 加号:在关键词的前面使用加号,也就等于告诉搜索引擎该单词必须出现在搜索结果中的网页上,例如,在搜索引擎中输入"＋电脑＋电话＋传真"就表示要查找的内容中必须要同时包含"电脑、电话、传真"这三个关键词。

3. 减号(－):在关键词的前面使用减号,也就意味着在查询结果中不能出现该关键词,例如,在搜索引擎中输入"电视台－中央电视台",它就表示最后的查询结果中一定不包含"中央电视台"。

4. 通配符(＊和?):通配符包括星号和问号,前者表示匹配的数量不受限制,后者匹配的字符数要受到限制,主要用在英文搜索引擎中。例如输入"computer＊",就可以找到"computer、computers、computerised、computerized"等单词,而输入"comp? ter",则只能找到"computer、compater、competer"等单词。

5. 使用布尔检索是指通过标准的布尔逻辑关系来表达关键词与关键词之间逻辑关系的一种查询方法,这种查询方法允许我们输入的多个关键词可以用逻辑关系词来表示。

and,称为逻辑"与",用 and 进行连接,表示它所连接的两个词必须同时出现在查询结果中。例如,输入"computer and book",它就要求查询结果中必须同时包含 computer 和 book。

or,称为逻辑"或",它表示所连接的两个关键词中任意一个出现在查询结果中就可以。例如,输入"computer or book",就要求查询结果中可以只有 computer,或只有 book,或同时包含 computer 和 book。

not,称为逻辑"非",它表示所连接的两个关键词中应从第一个关键词中排除第二个关键词。例如输入"automobile not car",就要求查询的结果中包含 automobile(汽车),

但同时不能包含 car(小汽车)。

near,它表示两个关键词之间的词距不能超过 n 个单词。

在实际的使用过程中,你可以将各种逻辑关系综合运用,灵活搭配,以便进行更加复杂的查询。

6. 元词:检索大多数搜索引擎都支持"元词"(metawords)功能,依据这类功能,用户把元词放在关键词的前面,这样就可以告诉搜索引擎你想要检索的内容具有哪些明确的特征。例如,你在搜索引擎中输入"title:南京交院",就可以查到网页标题中带有南京交院的网页。在键入的关键词后加上"domainorg",就可以查到所有以 org 为后缀的网站。其他元词还包括:image:用于检索图片,link:用于检索链接到某个选定网站的页面,URL:用于检索地址中带有某个关键词的网页。

7. 区分大小写这是检索英文信息时要注意的一个问题,许多英文搜索引擎可以让用户选择是否要求区分关键词的大小写,这一功能对查询专有名词有很大的帮助,例如:Web 专指万维网或环球网,而 web 则表示蜘蛛网。

8. 特殊搜索命令 intitle:是多数搜索引擎都支持的针对网页标题的搜索命令。例如,输入"intitle:家用电器",表示要搜索的标题中含有"家用电器"的网页。

任务4　电子邮箱的使用与配置

电子邮箱业务是一种基于计算机和通信网的信息传递业务,用户可以用非常低廉的价格,以非常快速的方式(几秒钟之内可以发送到世界上任何指定的目的地),与世界上任何一个角落的网络用户联系,这些电子邮件可以是文字、图像、声音等各种方式。同时,用户可以得到大量免费的新闻、专题邮件,并轻松实现信息搜索。

任务描述

钱彬经过几个月的努力,终于将自己的论文初稿撰写完毕,按照老师的要求,他要将论文通过电子邮件发给他的指导老师,但是他从未使用过电子邮箱。于是他请同学帮忙申请了一个免费邮箱,但是由于没有定时查看邮箱的习惯,造成指导教师反馈信息没有及时查看,致使论文撰写工作滞后。如何申请免费电子邮箱,如何对自己的邮箱进行日常的使用与管理?

任务实施

工序 1:电子邮箱的申请
申请 163 免费电子邮箱。
1. 在浏览器的地址栏中输入"http://mail.163.com/",然后按下 Enter 键,将会打开如图 5-31 所示的 163 免费邮箱的首页。
2. 单击主页右侧的"注册"按钮打开注册界面。如图 5-32 所示,选择注册字母邮箱,在"邮件地址"文本框中输入希望的用户名,长度为 5~20 位,可以是数字、字母、小数点、下划线,但必须以字母开头。"密码"和"确认密码"文本框中输入相同的密码,最后输入验证码进行确认,验证码仅防止恶意注册,勾选"同意服务条款"。

图 5 - 31　网易邮箱登录界面

图 5 - 32　邮箱注册界面

3. 单击"立即注册"按钮,完成免费邮箱申请。

工序 2:电子邮箱的使用

利用网易邮箱进行邮件的接收与发送,删除不要的邮件。

1. 在浏览器的地址栏中输入"http://mail.163.com/",然后按下 Enter 键,进入 163 免费邮箱的登录界面,输入登录信息进入邮箱,如图 5-33 所示。

图 5-33 网易邮箱界面

2. 单击页面左侧的"写信"按钮,就可以开始写邮件了,如图 5-34 所示。收件人填写对方的邮箱地址,主题填写发送给对方电子邮件的主要内容,添加附件处可添加最大 2G 的文件,在下方的文本框内填写邮件详细内容并可以用上方的工具进行排版。

3. 登录邮箱后,单击页面左侧的"收信"按钮,就可以进入收件箱,查看收到的邮件。直接单击邮件发件人或者邮件主题即可。进入读信界面后,出现该信的正文、主题、发件人、收件人地址以及发送时间。如有附件也会在正文上方出现,并可以在浏览器中打开附件,也可以下载到本地文件夹中,如图 5-35 所示。

图 5－34　网易邮箱写信界面

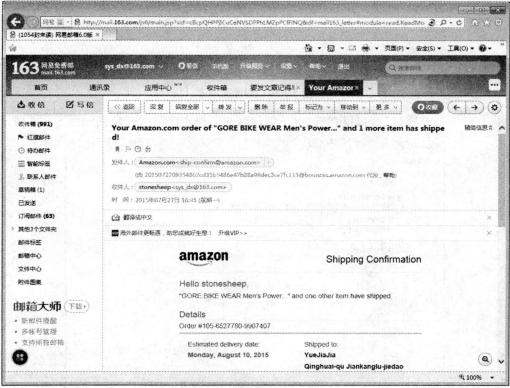

图 5－35　网易邮箱收信界面

4. 选中要删除的邮件,单击页面上方的"删除"按钮,邮件即可移动到"已删除"文件夹中。若要删除"已删除"文件夹中的邮件,应打开"已删除"文件夹,选择需要彻底删除的邮件,单击"彻底删除"按钮完成;或单击"清空"按钮将彻底删除"已删除"文件夹中的全部邮件。若要将收件箱中的邮件直接删除,而不通过移动到"已删除"文件夹的中间过程,则选择需要删除的邮件,直接单击页面上方删除列表中的"直接删除"选项即可。

工序 3:Outlook 配置电子邮件账户

使用 Outlook 添加申请的电子邮件账户,使用安全密码验证(SPA)进行登录并测试账户设置。

1. 打开 Outlook 后,单击"文件"选项卡并选择"信息"命令,接着单击"添加账户"按钮,如图 5 - 36 所示。

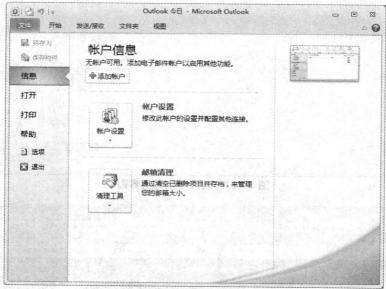

图 5 - 36　文件选项卡

2. 在"添加新账户"窗口里点选"电子邮件账户",单击"下一步"按钮如图 5 - 37 所示。

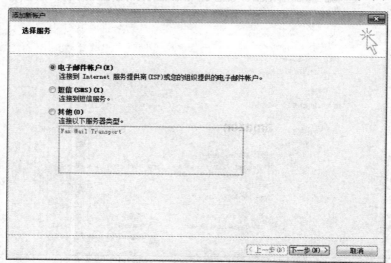

图 5 - 37　服务类型的选择

3. 在"您的姓名"里输入发送邮件时想让对方看到的名字,"电子邮件地址"里填入自己的电子邮件地址,按提示填入密码,单击"下一步"按钮,如图 5-38 所示。

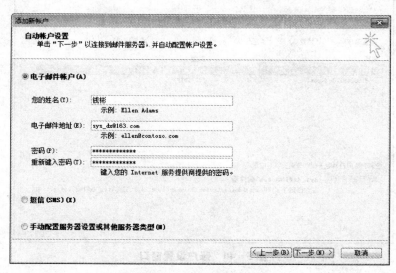

图 5-38　账户信息填写

4. Outlook 开始配置电子邮件服务器的设置,经过几分钟的等待提示"POP3 电子邮件账户已配置成功",单击"完成"按钮,如图 5-39 所示。

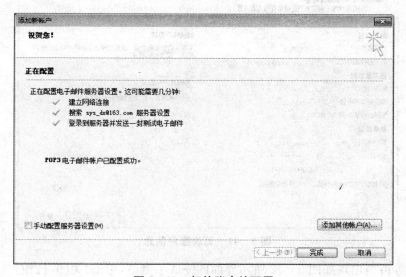

图 5-39　邮件账户的配置

5. 再次单击"文件"选项卡选择"信息"命令,这时在"添加账户"按钮的上方可以看到刚才已经添加的账户信息,点击下方的"账户设置"按钮,打开账户设置窗口,如图 5-40 所示。选中刚添加的 163 邮箱账户并点选工具栏上的"设为默认值",使在默认情况下以此账户发送邮件。

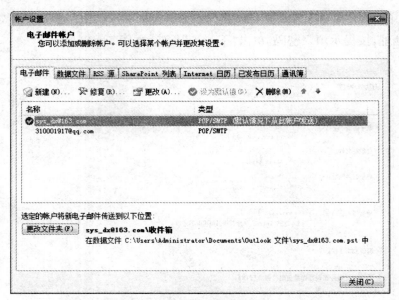

图 5-40　账户设置窗口

6. 双击刚添加的邮箱账户,打开如图 5-41 所示窗口,勾选"要求使用安全密码验证(SPA)进行登录",点击"下一步"按钮,进行账户的测试。

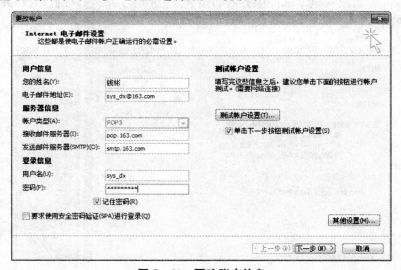

图 5-41　更改账户信息

7. 经过等待当出现如图 5-42 所示界面即完成了测试,单击"关闭"按钮。

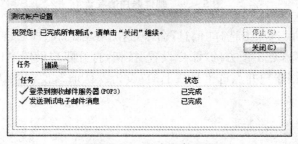

图 5-42　测试账户设置

8. 返回 Outlook 界面,在左侧列表中即可看到刚添加的邮箱账户。账户将该账户下的所有邮件自动接收到 Outlook 中,通过 Outlook 即可完成发送邮件和邮箱配置等操作,如图 5 – 43 所示。

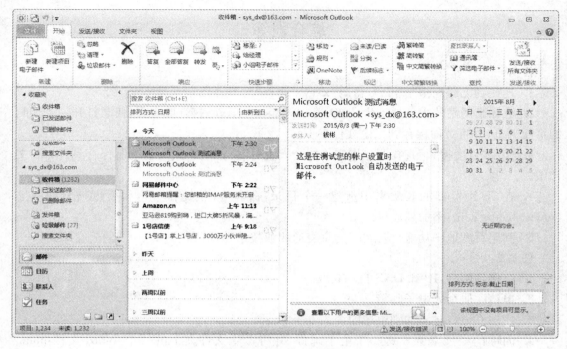

图 5 – 43　Outlook 界面

知识链接

电子邮件(E-mail)是目前 Internet 上使用最频繁的服务之一,它为 Internet 用户之间发送和接收信息提供了一种快捷、廉价的通信手段,特别在国际交流中发挥着重要的作用。

1. 电子邮件定义,电子邮件简称 E-mail,它是利用计算机网络与其他用户进行联系的一种快速、简便、高效、价廉的现代化通信手段。电子邮件与传统邮件大同小异,只要通信双方都有电子邮件地址即可以电子传播为媒介,交互邮件。可见电子邮件是以电子方式发送传递的邮件。

2. 电子邮件协议,Internet 上电子邮件系统采用客户机/服务器模式,信件的传输通过相应的软件来实现,这些软件要遵循有关的邮件传输协议。传送电子邮件时使用的协议有 SMTP(Simple Mail Transport Protocol)和 POP(Post Office Protocol),其中 SMTP 用于电子邮件发送服务,POP 用于电子邮件接收服务。当然,还有其他的通信协议,在功能上它们与上述协议是相同的。

3. 电子邮件地址,用户在 Internet 上收发电子邮件,必须拥有一个电子信箱(Mailbox),每个电子信箱有一个唯一的地址,通常称为电子邮件地址(E-mail Addresses)。E-mail 地址由两部分组成,以符号"@"间隔,"@"前面的部分是用户名,"@"后面的部分为邮件服务器的域名,如 E-mail 地址"qzh_0605@163. com"中,"qzh_0605"是用户名,"163.

com"为网易的邮件服务器的域名。

4. 电子邮件工具,用户不仅要有电子邮件地址,还要有一个负责收发电子邮件的应用程序。电子邮件应用程序很多,常见的有 Foxmail、Outlook Express、Outlook 2010 等。

综合训练

任务一

1. 连接到无线网络"NJCI",密码"xxgcx 2015"。

2. 已知某网站的主页地址为:http://news.sohu.com,打开此主页,任意打开一条新闻的页面浏览,并将页面保存到指定文件夹下。

3. 使用"百度搜索"查找明星周杰伦的个人资料,将他的个人资料复制保存到 Word 文档中。

4. 在 IE 浏览器的收藏夹中新建一个目录,命名为"快捷搜索",将百度搜索的网址(www.baidu.com)添加到该目录下。

5. 利用百度地图功能,搜索从"南京交通职业技术学院"到"奥体中心"的公交路线。

任务二

1. 连接到网络,IP 和 DNS 自动获取。

2. 申请注册个人电子邮箱。

3. 使用 Outlook 添加刚申请的个人电子邮件账户。

4. 向部门经理李强发送一个电子邮件,并将考生文件夹下的一个 Word 文档 plan.docx 作为附件一起发出,同时抄送给总经理刘扬先生。

具体如下:

> 收件人:"liqiang@163.com"
> 抄送:"liuyang@126.com"
> 主题:"工作计划"
> 函件内容:"发全年工作计划草案,请审阅。具体计划见附件。"